In ricordo dei miei genitori

Daniele Mundici

Logica: Metodo Breve

Daniele Mundici
Dipartimento di Matematica "U. Dini"
Università di Firenze

UNITEXT – La Matematica per il 3+2
ISSN print edition: 2038-5722 ISSN electronic edition: 2038-5757

ISBN 978-88-470-1883-9 ISBN 978-88-470-1884-6 (eBook)
DOI 10.1007/978-88-470-1884-6

Springer Milan Dordrecht Heidelberg London New York

Layout copertina: Beatrice ꓭ., Milano

Impaginazione: PTP-Berlin, Protago TEX-Production GmbH, Germany (www.ptp-berlin.eu)
Stampa: Grafiche Porpora, Segrate (Mi)

Springer-Verlag Italia S.r.l., Via Decembrio 28, I-20137 Milano
Springer-Verlag fa parte di Springer Science+Business Media (www.springer.com)

Prefazione

In questo manuale viene data una dimostrazione del teorema di completezza di Gödel e di alcune sue conseguenze, utilizzando il teorema di completezza di Robinson e il teorema di compattezza di Gödel per la logica di Boole. Il lettore incontrerà qui altre idee chiave della logica: una sintassi non ambigua, la risoluzione, la procedura di Davis-Putnam, la semantica di Tarski, l'equivalenza e la conseguenza logica, i modelli di Herbrand, gli assiomi dell'eguaglianza, le forme normali di Skolem, le refutazioni come oggetti grafici, e la costruzione di alcuni modelli nonstandard. I prerequisiti matematici sono minimi: il testo è accessibile a chiunque abbia già visto qualche dimostrazione per induzione.

Queste pagine sono il distillato di numerosi corsi di Logica Matematica che ho tenuto al Dipartimento di Scienze dell'Informazione dell'Università di Milano a partire dal 1996, e successivamente al Dipartimento di Matematica "Ulisse Dini" dell'Università di Firenze. Vari capitoli sono stati sperimentati anche in un corso offerto nell'anno accademico 2001-2002 dal Collegio Ghislieri a studenti di vari corsi di laurea dell'Università di Pavia. Il testo attuale è il risultato di un lungo processo di interazione tra insegnante e allievi di diverse provenienze culturali. A loro va il mio primo ringraziamento.

Il manuale può essere usato in un primo corso di Logica Matematica per matematici e per informatici. Parti del testo possono essere utili in un corso di Logica per filosofi e linguisti, anche per i numerosi esercizi, mai troppo difficili, di collegamento tra logica e linguaggio naturale. I lettori desiderosi di proseguire lo studio della Logica otterranno da questo Metodo Breve gli strumenti necessari per comprendere i teoremi di incompletezza di Gödel dimostrati, ad esempio, negli undici capitoli della monografia di R.M. Smullyan "Gödel's Incompleteness Theorems", Oxford University Press, 1992.

Ringrazio Giulietta e Massimo Mugnai, Pierluigi Minari, Annalisa Marcja e in particolare Carlo Toffalori per la loro lettura di versioni precedenti e i loro suggerimenti.

Firenze, novembre 2010 *Daniele Mundici*

Simboli e termini

Il simbolo $\square$ sta a significare la fine di una dimostrazione. Il simbolo $\emptyset$ denota l'insieme vuoto. L'insieme $\mathbb{N}$ dei numeri naturali è definito come $\mathbb{N} = \{0, 1, 2, \ldots\}$.

L'avverbio "non" e le congiunzioni "e" ed "o" giocano un ruolo fondamentale in questo manuale, e hanno un significato ben preciso su cui è bene intendersi fin da ora.

Essenzialmente per ragioni di comodità, "o" verrà sempre inteso nel senso concessivo, come il latino "vel", in opposizione alla congiunzione "aut". In questo modo la negazione della frase "Luigi non sa l'inglese e non suona il piano" è "o Luigi sa l'inglese o suona il piano", che, per quanto abbiamo appena stipulato, lascia aperta la possibilità che Luigi sappia l'inglese e suoni anche il piano. Una volta chiarito questo punto, la negazione di "Luigi lavora a Firenze o vi abita" è "Luigi non lavora a Firenze e non vi abita".

Per semplicità la congiunzione "se" verrà trattata in maniera assai riduttiva rispetto al suo molteplice uso nel linguaggio quotidiano. Ad esempio la frase "se Luigi ha fatto tredici lo vedremo vestito meglio" viene interpretata come "o Luigi non ha fatto tredici o lo vedremo vestito meglio". Questa frase lascia aperta la possibilità di vedere Luigi vestito meglio anche se non ha fatto tredici. La negazione di questa frase è "Luigi ha fatto tredici e (=ma) non lo vedremo vestito meglio." Abbiamo così l'opportunità di ricordare che in matematica la congiunzione "ma" viene piattamente identificata con "e".

La congiunzione "se" si incontra in diversi contesti: anche se, se anche, solo se, se solo, come se, seppure, semmai, sebbene. Viene anche usata per introdurre frasi che esprimono dubbio, come "non so se ho studiato abbastanza". Spesso è difficile capirne il significato. In matematica ci si occupa di dare un significato preciso a *"A solo se B"*, intendendo che voglia dire "se non B allora non A", il che è equivalente a "se A allora B", visto che entrambi sono equivalenti a "B o non A".

Il neologismo matematico "sse" sta per "se, e solo se". Così per esempio, un numero pari è primo sse è eguale a 2.

Per rendere queste parti del discorso indipendenti dalla loro formulazione nei vari linguaggi naturali, quando ci troveremo di fronte a frasi da analizzare sistematicamente scriveremo $\wedge$ invece di "e", e scriveremo $\vee$ invece di "o". L'avverbio "non" si scrive $\neg$. Date le frasi A e B, invece di dire "se A allora B" scriveremo $A \to B$ che, per quanto detto, sta per $\neg A \vee B$. Invece di "A sse B" scriveremo $A \leftrightarrow B$, che è come dire $(A \to B) \wedge (B \to A)$.

Quanto ci guadagna la congiunzione "e" a essere scritta "$\wedge$"? Quello che ci guadagna la preposizione "per" a essere scritta "$\times$".

Indice

Parte I

Logica di Boole

1

Introduzione

Osserviamo questo disegno:

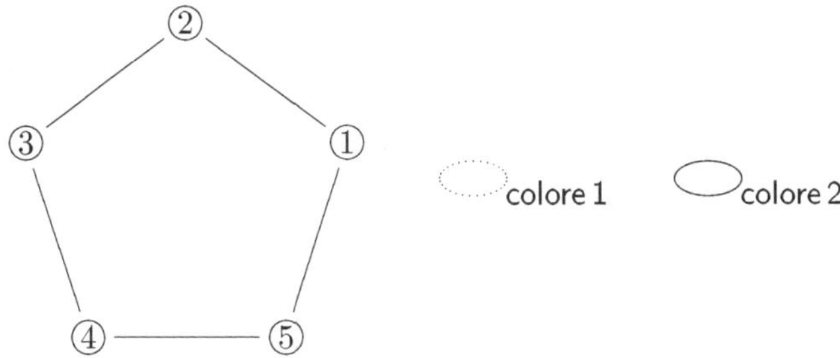

Il problema $\mathcal{C}$ è di colorare i vertici 1,...,5 con uno dei due colori disponibili, facendo in modo che vertici di uno stesso lato abbiano colori diversi. La risposta è facile, ma pensa allo stesso problema, denotato $\mathcal{C}^+$, di colorare un grafo complicato con 1000 vertici, 10000 archi e una tavolozza con 7 colori. La ricerca di soluzioni efficienti per un problema del tipo di $\mathcal{C}^+$, o la dimostrazione che non ha soluzione, è una sfida centrale della matematica contemporanea.

Ipotesi di lavoro. Un marziano annuncia la soluzione ai problemi $\mathcal{C}$ e $\mathcal{C}^+$.

Le incognite, o variabili, del problema sono le domande che faremmo al marziano per chiedergli la soluzione. Devono essere domande "binarie", nel senso che la risposta può essere solo sì o no. Una domanda del tipo "quanti vertici hai colorato con il primo colore ?" non è ammissibile. Ammissibili sono invece domande come:

Hai colorato il vertice 4 con il colore numero 2?

Per ragioni di spazio scriviamo sinteticamente X_{42} invece di dilungarci a scrivere in italiano questa domanda. Considereremo solo il problema $\mathcal{C}$. Le risposte all'intero pacchetto di domande X_{ij} $(i = 1, 2, 3, 4, 5;\ \ j = 1, 2)$ permettono di

Mundici D.: Logica: Metodo Breve.

ricavare la soluzione che il marziano dice di avere. Per il problema $\mathcal{C}^+$ le incognite X_{ij} sono 7000. Dunque ogni X_{ij} è un'espressione simbolica che aspetta una risposta 1 (cioè sì) o 0 (cioè no) del marziano. A queste espressioni né carne né pesce la matematica dà il nome di "incognite" o di "variabili", per sottolineare che nel fare la domanda ignoriamo la risposta, e che le risposte possibili sono due e variano a seconda della soluzione. Nella pratica matematica tradizionale le variabili e le incognite spesso rappresentano valori razionali, reali o complessi. Qui invece ogni incognita rappresenta un *bit* (*binary digit*, cifra binaria): riceverà uno dei due valori 0 oppure 1.

La domanda X_{ij}, se privata del punto interrogativo, diviene l'affermazione "il vertice i è colorato col colore numero j." Come tale può essere negata e trasformarsi nell' affermazione "il vertice i non è colorato col colore numero j," che abbrevieremo scrivendo $\neg X_{ij}$. Queste affermazioni elementari X_{ij} e le loro negazioni $\neg X_{ij}$ sono chiamati i "letterali" del problema.

Operando sui nostri 20 letterali con la disgiunzione $\vee$ e la congiunzione $\wedge$ il problema $\mathcal{C}$ di colorazione è completamente riscrivibile come un sistema, ossia una congiunzione, di semplici equazioni nelle incognite X_{ij}. Ogni equazione ha la forma di una disgiunzione di variabili X_{ij} o di variabili negate $\neg X_{ij}$.

Nella Tabella (1.1) è trascritto il sistema di equazioni associato al problema $\mathcal{C}$, con un commento informale sul significato di ogni espressione simbolica.

$$\left\{\begin{array}{rl}
X_{11} \vee X_{12} & \text{il vertice 1 ha almeno un colore} \\
X_{21} \vee X_{22} & \text{il vertice 2 ha almeno un colore} \\
X_{31} \vee X_{32} & \text{il vertice 3 ha almeno un colore} \\
X_{41} \vee X_{42} & \text{il vertice 4 ha almeno un colore} \\
X_{51} \vee X_{52} & \text{il vertice 5 ha almeno un colore} \\
\neg X_{11} \vee \neg X_{12} & \text{il vertice 1 ha al massimo un colore} \\
\neg X_{21} \vee \neg X_{22} & \text{il vertice 2 ha al massimo un colore} \\
\neg X_{31} \vee \neg X_{32} & \text{il vertice 3 ha al massimo un colore} \\
\neg X_{41} \vee \neg X_{42} & \text{il vertice 4 ha al massimo un colore} \\
\neg X_{51} \vee \neg X_{52} & \text{il vertice 5 ha al massimo un colore} \\
\neg X_{11} \vee \neg X_{21} & \text{i vertici 1 e 2 non hanno entrambi colore 1} \\
\neg X_{12} \vee \neg X_{22} & \text{i vertici 1 e 2 non hanno entrambi colore 2} \\
\neg X_{21} \vee \neg X_{31} & \text{i vertici 2 e 3 non hanno entrambi colore 1} \\
\neg X_{22} \vee \neg X_{32} & \text{i vertici 2 e 3 non hanno entrambi colore 2} \\
\neg X_{31} \vee \neg X_{41} & \text{i vertici 3 e 4 non hanno entrambi colore 1} \\
\neg X_{32} \vee \neg X_{42} & \text{i vertici 3 e 4 non hanno entrambi colore 2} \\
\neg X_{41} \vee \neg X_{51} & \text{i vertici 4 e 5 non hanno entrambi colore 1} \\
\neg X_{42} \vee \neg X_{52} & \text{i vertici 4 e 5 non hanno entrambi colore 2} \\
\neg X_{51} \vee \neg X_{11} & \text{i vertici 5 e 1 non hanno entrambi colore 1} \\
\neg X_{52} \vee \neg X_{12} & \text{i vertici 5 e 1 non hanno entrambi colore 2}
\end{array}\right. \tag{1.1}$$

Questa lunga tiritera non è un esempio di buona prosa italiana, ma ha il merito di mostrare che ogni problema di colorabilità come $\mathcal{C}$ o $\mathcal{C}^+$ è descritto completamente da pochissimi strumenti linguistici rudimentali: le variabili e le loro negazioni, il connettivo “o” e il connettivo “e”, tacitamente rappresentato dalla lunga parentesi graffa, come nei sistemi di equazioni. Visto che il marziano capisce solo questo linguaggio e risponde a monosillabi (bit), chissà che leggendo questo sistema, e accortosi che non ha soluzione, riconsideri il suo annuncio.

Nella prima parte di questo manuale studieremo come decidere meccanicamente se un sistema di questo tipo abbia o no soluzioni e, nel caso le abbia, come calcolarne almeno una. Ogni eventuale soluzione del sistema (1.1) ci dà informazioni sufficienti per colorare il pentagono in modo da soddisfare tutte le condizioni richieste. E proprio con un calcolo, a pagina 29 verificheremo che il sistema (1.1) è insoddisfacibile, il che corrisponde all'impossibilità di bicolorare il pentagono facendo in modo che vertici di uno stesso lato abbiano colori diversi. Lo stesso tipo di calcolo deciderà se l'analogo problema $\mathcal{C}^+$ ha soluzione. Il calcolo può apparire inutile per il banale problema $\mathcal{C}$, ma diviene strumento essenziale per risolvere – almeno in linea di principio – problemi formidabili come $\mathcal{C}^+$: fino ad oggi non sono state trovate scorciatoie per i problemi di colorabilità.

La sensibilità logica nasce con l'apprezzare il fatto che nella formula (1.1) non si vedono più tavolozze e poligoni ma solo un sistema di equazioni, su cui lavorare con manipolazioni puramente simboliche, prefissate, immutabili, insensibili all'origine del problema. Allora il fatto che il problema $\mathcal{C}$ sia facile non toglierà l'interesse per la sua traduzione nel sistema (1.1). Per un problema più difficile come $\mathcal{C}^+$ lo stesso tipo di traduzione può offrire un metodo risolutivo. Come vedremo, la portata di sistemi come questi va ben oltre i problemi di colorabilità dei grafi: essi sono interessanti oggetti di studio, indipendentemente dal problema che rappresentano.

Anche i sistemi di equazioni lineari hanno simili caratteristiche, al punto che oggi i risolutori di sistemi lineari sono principalmente i computer, non i matematici – quasi si trattasse di compilare bollette del gas. In logica le incognite non rappresentano numeri reali, ma affermazioni, prodotti immediati del pensiero e del linguaggio: dunque per risolvere questi sistemi occorreranno manipolazioni ben speciali, un *calculus ratiocinator*.

La seguente tabella-vocabolario mostra il collegamento tra problemi come $\mathcal{C}^+$ e i principali concetti della logica matematica che studieremo nei prossimi capitoli.

Tabella 1.1.

Il problema di colorazione	*La sua formalizzazione*
domanda	variabile X
risposta no sì	valore di verità $\{0, 1\}$
affermazione elementare, sua negazione	letterale L
equazione	clausola C
sistema di equazioni per il problema	formula CNF F
pacchetto di risposte	assegnazione α
il pacchetto di risposte risolve il problema	α soddisfa F
non esiste soluzione al problema	F è insoddisfacibile
esiste soluzione	F è soddisfacibile

2

Le nozioni logiche fondamentali

2.1 Sintassi

Come abbiamo già fatto nel capitolo precedente, con le lettere maiuscole dell'alfabeto denotiamo le *variabili*. Abbiamo bisogno di un'infinità di variabili, ma per analogia con la tastiera del nostro computer vogliamo mantenere finito il nostro apparato di simboli, chiamato *alfabeto*. Pertanto rappresentiamo ufficialmente le variabili nella forma

$$X, XI, XII, XIII, \ldots .$$

Per evitare file di sgradevoli $III \ldots I$, nella pratica scriveremo le variabili in modi diversi da quello ufficiale, ad esempio, con due indici $X_{11}, X_{12}, X_{21}, \ldots$:

- per *letterale* intendiamo una variabile Y oppure una variabile preceduta dal simbolo di *negazione* $\neg Y$;
- per *clausola* intendiamo una *disgiunzione* (sempre finita) di letterali, ossia una successione della forma $L_1 \vee L_2 \vee \ldots \vee L_m$;
- per *formula CNF* (forma normale congiuntiva) intendiamo una *congiunzione* F finita di clausole, $C_1 \wedge \ldots \wedge C_k$.

Notazione. Per ogni letterale L, scrivendo $\overline{L}$ intendiamo il seguente letterale, detto l'*opposto* di L:

$$\overline{L} = \begin{cases} \neg Y & \text{se } L \text{ coincide con la variabile } Y, \\ Y & \text{se } L = \neg Y. \end{cases}$$

Con la notazione $Var(F)$ intendiamo l'insieme delle variabili che occorrono (ossia, che appaiono scritte) in F.

Mundici D.: Logica: Metodo Breve.

2.2 Semantica

Sia F una formula CNF. Allora un'*assegnazione appropriata* a F è una funzione $\alpha: V \to \{0,1\}$ ove V è un insieme di variabili contenente $Var(F)$. L'insieme $\{0,1\}$ è chiamato l'insieme dei *valori di verità*. L'insieme V si chiama il *dominio* di α e si denota $dom(\alpha)$.

Usiamo $\{0,1\}$ per brevità, e perché è facile operare su questo insieme con le funzioni $\max, \min, 1-x$. Ma potremmo anche usare l'insieme $\{no, sì\}$, oppure, ancora più pesantemente, l'insieme $\{falso, vero\}$.

Se pensiamo a una formula CNF come a un sistema di equazioni avente tante equazioni quante clausole, e le cui incognite sono le variabili, allora un'assegnazione altro non è che una sostituzione di valori numerici binari (bit, nel nostro caso) al posto delle incognite.

Sia F una formula CNF e sia α un'assegnazione appropriata a F. Per precisare che cosa significhi che α *soddisfa* F, in simboli,

$$\alpha \models F,$$

procediamo gradualmente, definendo $\alpha \models G$ per ogni variabile, variabile negata, e per ogni clausola di F:

(i) se G è una variabile Y, allora $\alpha \models G$ significa che $\alpha(Y) = 1$;

(ii) se $G = \neg Y$, allora $\alpha \models G$ significa che $\alpha(Y) = 0$;

(iii) se G è una clausola di F, allora $\alpha \models G$ significa che α soddisfa almeno uno dei suoi letterali;

(iv) finalmente, $\alpha \models F$ significa che α soddisfa ciascuna delle clausole di F.

Scrivendo

$$\alpha \not\models F,$$

intendiamo che α è appropriata a F, ed inoltre α non soddisfa F. Se α non è appropriata a F non ha senso chiedersi se α soddisfi o non soddisfi F.

In (i) ogni variabile Y assume il ruolo di ricevitore di un *bit*: zero oppure uno. In (ii) abbiamo dato significato al simbolo di negazione $\neg$. In (iii) abbiamo dato significato alla disgiunzione $\vee$, e in (iv) abbiamo dato significato alla congiunzione $\wedge$.

Diciamo che F è *soddisfacibile* se qualche assegnazione α soddisfa F. Altrimenti diciamo che F è *insoddisfacibile*.

Diciamo che F è una *tautologia* se ogni assegnazione α (appropriata a F) soddisfa F. Una tautologia è l'analogo di un sistema di equazioni risolto indifferentemente da ogni possibile assegnazione di valori alle sue incognite.

2.3 Conseguenza ed equivalenza logica

Uno dei metodi fondamentali per risolvere un sistema di equazioni è quello di trasformarlo in un suo equivalente più facile. Le definizioni appena date ben si prestano a parlare di equivalenza logica, mediante una nozione ancora più importante, quella di conseguenza logica.

Conseguenza logica. Date due formule CNF, F e G diciamo che G è *conseguenza logica* di F se per ogni assegnazione appropriata ad entrambe vale questo fatto: se $\alpha \models F$ allora $\alpha \models G$.

Equivalenza logica. Due formule CNF F e G sono (logicamente) *equivalenti*, in simboli $F \equiv G$, se sono soddisfatte dalle medesime assegnazioni, appropriate ad entrambe. In altre parole, ciascuna è conseguenza logica dell'altra.

Intuitivamente, due formule equivalenti hanno lo stesso significato. Non c'è pericolo di confusione se diciamo "la congiunzione è *commutativa*", intendendo che $C_1 \wedge C_2 \equiv C_2 \wedge C_1$. Diremo anche che "la congiunzione è *associativa*". Inoltre, la congiunzione è *idempotente* nel senso che $C \wedge C \equiv C$. Analogamente, la disgiunzione è commutativa, associativa e idempotente.

Esercizi

1. In una stanza ci sono due persone (che chiameremo a e b) e tre strumenti musicali (denotati 1, 2, 3). Utilizzando le variabili

$$X_{a1}, X_{a2}, X_{a3}, X_{b1}, X_{b2}, X_{b3}$$

ove X_{aj} dice "a sa suonare lo strumento j", e X_{bj} dice "b sa suonare lo strumento j" (per $j = 1, 2, 3$), scrivi una clausola, oppure una congiunzione di clausole, per esprimere ciascuna di queste situazioni:

a) la seconda persona non sa suonare nessuno strumento;
(*Soluzione*: $\neg X_{b1} \wedge \neg X_{b2} \wedge \neg X_{b3}$, che è una congiunzione di tre clausole, ciascuna aventi un solo letterale)

b) la prima persona sa suonare almeno uno strumento;
(*Soluzione*: $X_{a1} \vee X_{a2} \vee X_{a3}$, che è una clausola avente tre letterali)

c) la prima persona sa suonare uno e un solo strumento;
(*Soluzione*: $(X_{a1} \vee X_{a2} \vee X_{a3}) \wedge (\neg X_{a1} \vee \neg X_{a2}) \wedge (\neg X_{a1} \vee \neg X_{a3}) \wedge (\neg X_{a2} \vee \neg X_{a3})$)

d) nessuno (tra a e b) sa suonare il terzo strumento;
(*Soluzione*: $\neg X_{a3} \wedge \neg X_{b3}$)

e) vi è al massimo una persona che sa suonare il terzo strumento;
(*Soluzione*: $\neg X_{a3} \vee \neg X_{b3}$)

f) per ogni strumento vi è almeno una persona che lo sa suonare;
(*Soluzione*: $(X_{a1} \vee X_{b1}) \wedge (X_{a2} \vee X_{b2}) \wedge (X_{a3} \vee X_{b3})$)

g) qualcuno (sempre tra a e b) sa suonare il secondo strumento;
(*Soluzione*: $X_{a2} \vee X_{b2}$)

h) ogni persona sa suonare almeno uno dei tre strumenti 1,2,3;

i) ogni persona sa suonare al massimo uno strumento;

j) per ogni strumento vi è al massimo una persona che lo sa suonare;

k) ogni persona sa suonare uno e uno solo dei tre strumenti;

l) ogni strumento è suonato da una e una sola persona.

2. Una commissione, formata da Andrea, Beatrice e Carla, deve discutere una proposta, per poi votarla. Usando le variabili A, B, C che dicono rispettivamente "Andrea, Beatrice, Carla ha votato la proposta", e ricordando quanto abbiamo detto sulla congiunzione "se", formalizza in un insieme di clausole le seguenti affermazioni:
   a) se Carla ha votato la proposta, l'ha votata anche Andrea;
   (*Soluzione:* $\neg C \vee A$)
   b) la proposta è stata votata all'unanimità;
   c) la proposta non è passata;
   d) la proposta è passata a maggioranza, ma non all'unanimità;
   e) solo uno ha votato la proposta;
   f) se Carla ha votato la proposta, nessun altro l'ha votata;
   g) solo uno non ha votato la proposta;
   h) Carla ha votato diversamente da Andrea, ma Beatrice ha votato come lui.

3. Formalizza con un insieme S di clausole il problema $\mathcal{C}'$ di bicolorare i vertici di un quadrato, con la solita condizione che vertici di uno stesso lato abbiano colore diverso. Trova un'assegnazione che soddisfi S.

4. Verifica che una clausola F è una tautologia sse tra i suoi letterali vi è una variabile X e la sua negazione $\neg X$.

   Soluzione: se tra i letterali di F vi è sia X che $\neg X$, allora ogni assegnazione appropriata a F soddisferà X oppure $\neg X$ dunque soddisferà F, e quindi F è una tautologia. Viceversa, se per ogni letterale L di F il suo opposto $\overline{L}$ non occorre in F, allora l'assegnazione definita su $Var(F)$ che soddisfa ogni $\overline{L}$ è appropriata a F e non soddisfa nessun letterale di F, e quindi F non è una tautologia.

5. Se il grafo G ha v vertici e a archi, e la tavolozza ha c colori, quante clausole basteranno per esprimere la colorabilità di G?

6. Mostra che $\equiv$ è una relazione d'equivalenza.

7. Sia α appropriata a una formula F. Allora α soddisfa F sse la restrizione di α a $Var(F)$ soddisfa F.

8. Se B è conseguenza di A, e C è conseguenza di B, allora C è conseguenza di A.

9. Dai un esempio di formule F e G equivalenti, tali che $Var(F) \cap Var(G) = \emptyset$.

3

La risoluzione

3.1 Clausole e formule come insiemi finiti

Sia F una formula CNF. Descriveremo un metodo per trasformare F in una formula equivalente a F e più ricca di clausole. Il metodo poi decide se F è insoddisfacibile, e nel caso F sia soddisfacibile trova un'assegnazione che soddisfa F.

Per prima cosa semplifichiamo la notazione, ridefinendo ogni clausola come un *insieme finito* di letterali, e ogni formula CNF come un *insieme finito* di clausole. Questo è reso possibile dalla commutatività, associatività, e idempotenza della congiunzione e della disgiunzione. Infatti:

- siccome la disgiunzione è associativa, siamo liberi di scrivere $L_1 \vee \ldots \vee L_m$ senza preoccuparci di dare regole di precedenza per queste disgiunzioni: tali regole di precedenza non cambierebbero il significato della clausola;
- siccome la disgiunzione è commutativa, cambiando l'ordine dei letterali non cambia il significato di una clausola;
- siccome la disgiunzione è idempotente possiamo sempre evitare di ripetere lo stesso letterale in una clausola.

Siccome poi anche la congiunzione è associativa, commutativa e idempotente, ogni formula CNF può sempre essere ripensata come *l'insieme* delle sue clausole.

Esempio 3.1. Invece di $(\neg C \vee A \vee \neg C \vee B \vee \neg A \vee A \vee B)$ scriveremo, nella nuova notazione $\{\neg C, A, B, \neg A\}$. Invece di $(A \vee C \vee A) \wedge (A \vee \neg B) \wedge (A \vee C)$ scriveremo $\{\{C, A\}, \{A, \neg B\}\}$.

Per agevolare la presentazione del nostro calcolo logico, le definizioni del capitolo precedente verranno ora adattate a questa notazione insiemistica:

Clausola e formula CNF come insiemi. Per *clausola* intendiamo un insieme finito di letterali. Per *formula CNF* intendiamo un insieme finito di clausole.

La semantica delle formule CNF ora viene naturalmente modificata in questo modo:

Semantica delle formule CNF. Sia $Var(S)$ l'insieme delle variabili che occorrono in un insieme S di clausole, e sia α un'assegnazione appropriata ad S, ancora nel senso che il dominio di α contiene $Var(S)$. La definizione di $\alpha \models S$ (leggi "α *soddisfa* S") procede per passi:

- per ogni variabile $Y \in Var(S)$, $\alpha \models Y$ significa $\alpha(Y) = 1$;
- per ogni variabile negata $L = \neg Y$, $\alpha \models L$ significa $\alpha(Y) = 0$;
- per ogni clausola $C \in S$, ove $C = \{L_1, \ldots, L_n\}$, scriviamo $\alpha \models C$ se $\alpha \models L_j$ per qualche letterale $L_j \in C$;
- scriviamo infine $\alpha \models S$ se $\alpha \models C$ per ogni clausola $C \in S$.

Definizione 3.2. Due insiemi di clausole S e S' sono *equivalenti*, in simboli $S \equiv S'$, se sono soddisfatti dalle stesse assegnazioni, appropriate a entrambe le clausole. Diciamo che S' è *conseguenza (logica)* di S se ogni assegnazione α appropriata a S e S' che soddisfa S soddisfa anche S'.

L'introduzione dello zero nella notazione indo-arabica, così utile per fare velocemente le quattro operazioni, comportò qualche aggiustamento nella loro definizione. Con la ridefinizione insiemistica di clausola e formula CNF, anche noi ci troviamo con qualche problema di aggiustamento: dobbiamo dare significato alla clausola priva di letterali e all'insieme vuoto di clausole.

La clausola vuota e l'insieme vuoto di clausole. La clausola vuota priva di letterali, viene denotata $\square$. Non c'è rischio di confusione con lo stesso simbolo usato per segnalare la fine di una dimostrazione. Si stipula che $\square$ è insoddisfacibile.

Si introduce anche l'insieme vuoto di clausole $\emptyset$, con la stipulazione che ogni assegnazione soddisfa $\emptyset$. In particolare, l'assegnazione vuota soddisfa l'insieme vuoto di clausole, in simboli, $\emptyset \models \emptyset$.

Ogni assegnazione α è appropriata alla clausola vuota, ed anche all'insieme vuoto di clausole.

Lemma 3.3. *Sia S' l'insieme ottenuto da un insieme di clausole S dopo la cancellazione di una tautologia. Allora $S \equiv S'$.*

Dimostrazione. Se α soddisfa S, essendo $S' \subseteq S$, automaticamente α soddisfa S'. Viceversa, supponiamo che α soddisfi S' e che sia appropriata a S. Dato che S è ottenibile da S' aggiungendo una tautologia T, allora α soddisfa T e dunque α soddisfa S. $\square$

3.2 Risoluzione

Il meccanismo di trasformazione da una formula CNF a un'altra equivalente e più ricca di clausole si basa su un'unica operazione:

Definizione 3.4. Siano C_1 e C_2 due clausole, e supponiamo che un letterale L soddisfi le condizioni $L \in C_1$, $\overline{L} \in C_2$. Allora il *risolvente di* C_1 e C_2 *su* $L, \overline{L}$ è la clausola $R(C_1, C_2; L, \overline{L})$ data da

$$R(C_1, C_2; L, \overline{L}) = (C_1 - \{L\}) \cup (C_2 - \{\overline{L}\}).$$

Dunque si toglie l'elemento L a C_1, si toglie $\overline{L}$ a C_2 e si prende l'unione delle due clausole così ottenute.

Esempio 3.5. Supponiamo di avere le due clausole

$$C_1 = \{A, \neg B, C, D, E, \neg F\} \text{ e } C_2 = \{\neg A, D, \neg E, G, H, Z, T\}.$$

Allora il risolvente di C_1 e C_2 su $A, \neg A$ è la clausola

$$(C_1 - \{A\}) \cup (C_2 - \{\neg A\}) = \{\neg B, C, D, E, \neg F, \neg E, G, H, Z, T\}.$$

Lemma 3.6 (Correttezza della Risoluzione). *Siano* C_1 *e* C_2 *due clausole,* $L \in C_1$ *e* $\overline{L} \in C_2$ *due letterali, e* $D = R(C_1, C_2; L, \overline{L})$ *il risolvente. Allora* D *è conseguenza logica della congiunzione* $\{C_1, C_2\}$ *di* C_1 *e* C_2.

Dimostrazione. Siccome D non ha nuove variabili, ogni assegnazione α appropriata a $\{C_1, C_2\}$ è automaticamente appropriata a D. Supponendo $\alpha \models C_1$ e $\alpha \models C_2$ dobbiamo mostrare $\alpha \models D$. Per ipotesi $\alpha \models M$ per qualche $M \in C_1$, e inoltre $\alpha \models N$ per qualche $N \in C_2$. È impossibile che $M = L$ e $N = \overline{L}$, perché allora α soddisferebbe sia il letterale L che il suo opposto. Dunque uno dei due tra M e N lo ritroveremo in D. Concludiamo che α soddisfa tale letterale di D, dunque $\alpha \models D$, come desiderato. □

Abbiamo immediatamente questo:

Corollario 3.7. *Con le precedenti ipotesi,* $\{C_1, C_2\} \equiv \{C_1, C_2, D\}$.

Supponiamo di partire da un insieme S di clausole e di scoprire che il risolvente di due clausole $C_1, C_2 \in S$ è la clausola vuota. Allora, per il corollario abbiamo che $\{C_1, C_2\} \equiv \{C_1, C_2, \square\}$. Essendo $\{C_1, C_2, \square\}$ insoddisfacibile lo è anche $\{C_1, C_2\}$, quindi, dato che $S \supseteq \{C_1, C_2\}$, anche S è insoddisfacibile.

Anche se non abbiamo tanta fortuna subito, potrebbe succedere che, dopo aver aggiunto a S tutti i risolventi di prima generazione, e chiamato S' il nuovo insieme più ricco, risolvendo due clausole di S' appaia ora la clausola vuota. Pertanto l'insieme

$$S' \cup \{ \text{ i risolventi di tutte le clausole in } S' \}$$

è insoddisfacibile, e quindi S stesso è insoddisfacibile.

Naturalmente potrebbe capitare che la clausola vuota non compaia neppure fra i risolventi di seconda generazione, ma compaia fra quelli di terza, e così via. Il Lemma 3.6 ci dice che, se dopo un certo numero di passi compare la clausola vuota, allora abbiamo una condizione *sufficiente* per affermare l' insoddisfacibilità di S. Vedremo fra poco nel Teorema 4.1 che la condizione è anche *necessaria*.

3.3 Procedura di Davis-Putnam (DPP)

Questa procedura, o algoritmo, prende in input un insieme finito S di clausole e produce in output la clausola $\square$ (così manifestando che S è insoddisfacibile) oppure l'insieme vuoto di clausole $\emptyset$; e in questo caso la procedura fornisce un'assegnazione che soddisfa S.

Vediamo come funziona DPP su un esempio: supponiamo di avere l'insieme di clausole

$$S = \{\{A, B, \neg C\}, \{\neg A\}, \{A, B, C\}, \{A, \neg A, B, D\}, \{A, \neg B\}\}.$$

Per prima cosa facciamo pulizia, eliminando le tautologie, secondo il Lemma 3.3. Rimaniamo con l'insieme

$$S_{pulito} = \{\{A, B, \neg C\}, \{\neg A\}, \{A, B, C\}, \{A, \neg B\}\}.$$

Dunque l'insieme S di partenza viene preliminarmente semplificato in uno equivalente S_{pulito} privo di tautologie.

Un passo di *DPP*. Consiste di quattro sottopassi:

1. Scelgo una variabile che occorre nella clausola più corta. In caso di parità applico l'ordine alfabetico. Chiamo questa variabile prescelta il *pivot*. Nel nostro caso il pivot è A.
2. Elenco tutte le clausole A-*esonerate*, ossia non contenenti né A né $\neg A$. Siccome non ve ne sono, il risultato è $\emptyset$.
3. (Tra le rimanenti clausole,) calcolo tutti gli A-*risolventi*, cioè tutti i possibili risolventi su A, $\neg A$.
4. Raccolgo gli A-esonerati e gli A-risolventi e cancello tutte le tautologie eventualmente generate nel sottopasso (3). Chiamo S_1 l'insieme così ottenuto. Nel nostro esempio,

$$S_1 = \{\{B, \neg C\}, \{B, C\}, \{\neg B\}\}.$$

È così terminato il primo passo di DPP applicato a $S_0 = S_{pulito}$, utilizzando il pivot $A = P_1$. In S_1 il pivot P_1 non occorre più (perché?) e non si sono intrufolate nuove variabili che non fossero già in $Var(S_0)$. *Questa banale osservazione garantisce che DPP termina dopo un numero finito di passi.*

Applico ora a S_1 un secondo passo di DPP, con il pivot $P_2 = B$: raccolgo i B-esonerati e i B-risolventi di S_1, e cancello tutte le tautologie. Chiamo S_2 l'insieme così ottenuto, e osservo che il pivot P_2 non occorre in nessuna clausola di S_2. Ad esempio, nel nostro caso, S_1 non ha B-esonerati, vi sono due B-risolventi e abbiamo $S_2 = \{\{\neg C\}, \{C\}\}$.

Procedendo in questo modo, applicando il p-mo passo di DPP all'insieme di clausole S_{p-1} otteniamo un insieme S_p. Il pivot P_p non occorre in S_p. Chiamiamo *fuoruscite* le variabili, diverse da P_p, che occorrono in S_{p-1} ma non in S_p.

Nel nostro caso, il terzo passo di DPP sull'insieme S_2 (con pivot $P_3 = C$) produce l'insieme S_3 il cui unico elemento è la clausola vuota, $S_3 = \{\Box\}$.

Esercizi

1. Rappresenta in clausole, e applica DPP:

   Se Aldo balla, Beatrice balla. Se Beatrice balla, balla anche Carla. Ma Carla balla solo se balla Aldo. Beatrice non balla.

2. In una stanza ci sono due persone (che denoteremo 1 e 2) e due sedie (anch'esse denotate 1 e 2.) Utilizzando le variabili

   $$X_{11}, X_{12}, X_{21}, X_{22}$$

   ove X_{ij} dice "i sta seduto sulla sedia j", esprimi in clausole il fatto che ciascuna persona è seduta su esattamente una sedia. Poi applica DPP all'insieme S di clausole che hai scritto, e trova un'assegnazione che soddisfa S.

3. Formalizza in un insieme S di clausole il problema C' di bicolorare i vertici di un quadrato, imponendo che vertici di uno stesso lato abbiano un colore diverso. Applica DPP all'insieme di clausole così ottenuto.

4. Come l'Esercizio 3, ma relativamente ai vertici di un triangolo. Verifica che la DPP dà la clausola vuota.

5. Ci sono quattro città 1,2,3,4. Le strade che collegano 1,2,3 formano un triangolo equilatero, di lato 100 chilometri. Così pure le strade che collegano 2,3,4. Altre strade non vi sono. Scrivi le clausole per un piano di viaggio di un rappresentante di tappeti che parte dalla città 1 e in tre tappe di cento chilometri visita le altre tre città. Usa nove variabili X_{it} che dicono "sono nella città i alla fine della tappa t, ove $i = 2, 3, 4$ e $t = 1, 2, 3$." Applica DPP all'insieme S così ottenuto.

6. Se non avessimo introdotto l'insieme vuoto di clausole, come si sarebbe potuto enunciare il Lemma 3.3? E se non avessimo introdotto la clausola vuota, come avremmo potuto enunciare il Lemma 3.6?

7. Date le variabili $X_1, \ldots, X_n$, quante clausole C possiamo scrivere tali che $Var(C) \subseteq \{X_1, \ldots, X_n\}$?
8. Applica DPP alle clausole dell'esempio finale a pagina 10 dell'Esercizio 1 e ottieni la clausola vuota.
9. Che cosa potrebbe accadere nella procedura DPP se l'insieme di partenza non venisse preventivamente ripulito delle tautologie? e se alla fine di ogni passo di DPP non eliminassimo le tautologie?

4

Teorema di completezza di Robinson

4.1 Enunciato e dimostrazione

Come abbiamo visto, dopo un numero di passi t^* non superiore al numero delle variabili in S_0, DPP si ferma dando in output un insieme S_{t^*} di clausole senza variabili. S_{t^*} ha solo due possibilità : $S_{t^*} = \{\Box\}$ oppure $S_{t^*} = \emptyset$.

Nel primo caso, per il Lemma 3.6 concludiamo che S è insoddisfacibile. Nel secondo caso costruiremo un'assegnazione $\alpha \models S$ ripercorrendo all'indietro i passi di DPP.

In questo senso la procedura DPP è completa:

Teorema 4.1 (Teorema di completezza, Alan Robinson, 1965). *Sia S un insieme finito di clausole, privo di tautologie. Allora, dopo un numero di passi t^* non superiore al numero v di variabili in S, l'insieme S_{t^*} è costituito solo dalla clausola vuota oppure è vuoto. Nel primo caso S è insoddisfacibile; nel secondo caso S è soddisfacibile.*

Dimostrazione. Per ipotesi, S è privo di tautologie, ed ogni passo di DPP elimina le tautologie eventualmente ottenute per risoluzione. Pertanto ad ogni passo viene eliminata una variabile (il pivot) senza introdurne di nuove. Questo assicura l'esistenza dell'insieme di clausole S_{t^*} senza variabili, con $t^* \leq v$.

Già abbiamo notato che se S_{t^*} contiene la clausola vuota, allora S è insoddisfacibile. Ci rimane da dimostrare che *quando la procedura DPP termina con l'insieme vuoto di clausole, allora S è soddisfacibile.*

Costruzione. Posto $S = S_0$, siano

$$S_1, S_2, \ldots, S_{t^*-1}, S_{t^*} = \emptyset$$

i successivi insiemi di clausole ottenuti nei t^* passi di DPP, con $S_{t^*-1} \neq \emptyset$. Il passo t ha in input S_{t-1}, pivot P_t e produce l'insieme S_t. In S_t il pivot non occorre più: le variabili di $Var(S_{t-1}) - Var(S_t)$ diverse dal pivot si chiamano *fuoruscite.* Costruiremo per induzione una successione di $t^* + 1$ assegnazioni

$$\emptyset = \alpha_{t^*} \subseteq \alpha_{t^*-1} \subseteq \alpha_{t^*-2} \subseteq \ldots \subseteq \alpha_2 \subseteq \alpha_1 \subseteq \alpha_0 \tag{4.1}$$

tale che ogni α_t soddisfi S_t, $dom(\alpha_t) = Var(S_t)$, e che α_{t-1} estenda α_t.

La *base* dell'induzione è la banale constatazione che S_{t^*} è soddisfatta dalla assegnazione vuota (qui denotata α_{t^*} per coerenza).

Per il *passo induttivo* abbiamo come ipotesi induttiva che l'insieme di clausole S_t è soddisfatto da un'assegnazione α_t. Mostreremo che S_{t-1} è soddisfatto da un'opportuna estensione α_{t-1} di α_t. Per cominciare, sia ω quell'estensione di α_t che dà valore zero a tutte le variabili fuoruscite al passo t. Siano ω^- e ω^+ le due possibili estensioni di ω sul pivot P_t: in altre parole, ω^+ assegna 1 al pivot, mentre ω^- gli assegna zero. Sia ω^+ che ω^- sono appropriate a S_{t-1}.

Affermazione. Almeno una tra ω^+ e ω^- soddisfa S_{t-1}.

Per assurdo supponiamo che l' affermazione non sia vera. Allora esistono in S_{t-1} due clausole C_1 e C_2 tali che

$$\omega^- \not\models C_1 \text{ e } \omega^+ \not\models C_2. \tag{4.2}$$

Ora facciamo l'osservazione che *in C_1 occorre P_t e non occorre $\neg P_t$; inoltre, in C_2 occorre $\neg P_t$ e non occorre P_t*. Altrimenti, C_1 (o C_2) sarebbe P_t-esonerata, e dunque sarebbe una clausola di S_t; ma allora già α_t la soddisfa (per ipotesi induttiva) e così fanno anche le sue estensioni ω^+ e ω^-, contro (4.2). La nostra osservazione è dunque confermata.

Sia D il risolvente di C_1 e C_2 ottenuto per eliminazione del pivot P_t.

Caso 1. D è una tautologia.

Allora esiste una variabile X tale che D contiene sia X che $\neg X$. (Ricorda l'Esercizio 4 a pagina 10). Tale X è diversa dal pivot P_t, e quindi proviene o da C_1 o da C_2. Se X è una variabile fuoruscita, sia ω^+ che ω^- soddisfano $\neg X$. E allora, se $\neg X \in C_1$ segue che $\omega^- \models C_1$ contraddicendo (4.2); se invece $\neg X \in C_2$ segue che $\omega^+ \models C_2$, ancora contraddicendo (4.2). Dunque X non può essere una variabile fuoruscita. Per l'ipotesi induttiva, $X \in dom(\alpha_t)$. Precisamente uno dei due letterali X e $\neg X$ è soddisfatto da α_t; per costruzione questo letterale appartiene a C_1 oppure a C_2; e così otteniamo una contraddizione con (4.2) ricordando che ω^+ e ω^- estendono α_t. Il Caso 1 non può dunque verificarsi.

Caso 2. D non è una tautologia.

Allora $D \in S_t$ e per ipotesi induttiva $\alpha_t \models D$. Segue che $\omega \models D$, dunque ω soddisfa qualche letterale di D, che è anche soddisfatto da ω^+ e da ω^-, e che ritroveremo o in C_1 oppure in C_2, ricavando la solita contraddizione con (4.2). Nemmeno il Caso 2 può verificarsi e l'Affermazione è dimostrata.

Definendo ora α_{t-1} come il primo tra ω^- e ω^+ che soddisfa S_{t-1}, il passo induttivo è dimostrato. Dalla successione (4.1) ricaviamo in particolare un'assegnazione α_0 che soddisfa S_0. □

L'essenza della dimostrazione sta nel garantire che la risalita (4.1) non si inceppa mai, e quindi termina con un'assegnazione che soddisfa l'insieme di partenza S. Osserviamo anche che $v - t^*$ è il numero di variabili fuoruscite durante l'esecuzione di DPP su S.

Esempio 4.2. Sia $S = S_0$ l'insieme di clausole dato da

$$S_0 = \{\{X_{11}, X_{12}\}, \{X_{21}, X_{22}\}, \{X_{31}, X_{32}\}, \{\neg X_{11}, \neg X_{12}\}, \{\neg X_{21}, \neg X_{22}\},$$

$$\{\neg X_{31}, \neg X_{32}\}, \{\neg X_{11}, \neg X_{21}\}, \{\neg X_{12}, \neg X_{22}\}, \{\neg X_{21}, \neg X_{31}\}, \{\neg X_{22}, \neg X_{32}\}\}.$$

S è già pulito, privo di clausole tautologiche. Applicando DPP abbiamo

Passo 1. pivot $P_1 = X_{11}$

$$S_1 = \{\{X_{21}, X_{22}\}, \{X_{31}, X_{32}\}, \{\neg X_{21}, \neg X_{22}\}, \{\neg X_{31}, \neg X_{32}\},$$

$$\{\neg X_{12}, \neg X_{22}\}, \{\neg X_{21}, \neg X_{31}\}, \{\neg X_{22}, \neg X_{32}\}, \{X_{12}, \neg X_{21}\}\}.$$

Passo 2. pivot $P_2 = X_{12}$

$$S_2 = \{\{X_{21}, X_{22}\}, \{X_{31}, X_{32}\}, \{\neg X_{31}, \neg X_{32}\}, \{\neg X_{21}, \neg X_{31}\},$$

$$\{\neg X_{22}, \neg X_{32}\}, \{\neg X_{21}, \neg X_{22}\}\}.$$

Passo 3. pivot $P_3 = X_{21}$

$$S_3 = \{\{X_{31}, X_{32}\}, \{\neg X_{31}, \neg X_{32}\}, \{\neg X_{22}, \neg X_{32}\}, \{X_{22}, \neg X_{31}\}\}.$$

Passo 4. pivot $P_4 = X_{22}$

$$S_4 = \{\{X_{31}, X_{32}\}, \{\neg X_{31}, \neg X_{32}\}\}.$$

Passo 5. pivot $P_5 = X_{31}$

$$S_5 = \emptyset.$$

Model Building. Ora ritornando sui nostri passi e partendo dall'assegnazione α_5 vuota (che automaticamente soddisfa S_5), costruiremo un'assegnazione α_0 che soddisfa S_0.

Al Passo 5 è fuoruscita la variabile X_{32}. L'assegnazione ω di questo passo dà valore 0 a X_{32}. Poi, per estendere ω a un'assegnazione appropriata a S_4 prepariamo le due estensioni ω^+ e ω^- sul pivot X_{31}. Il Teorema 4.1 garantisce che una delle due tra ω^+ e ω^- soddisfa $\models S_4$. In effetti, ponendo

$$\alpha_4(X_{31}) = 1$$

segue che $\alpha_4 \models S_4$.

Al Passo 4 è uscito solo il pivot. Estendiamo α_4 a un'assegnazione α_3 avente X_{22} nel suo dominio. Ponendo

$$\alpha_3(X_{22}) = 1$$

segue che $\alpha_3 \models S_3$.

Al Passo 3 è uscito solo il pivot. Ponendo $\alpha_2 \supseteq \alpha_3$ con

$$\alpha_2(X_{21}) = 0$$

segue che $\alpha_2 \models S_2$.

Al Passo 2 è uscito solo il pivot. Ponendo $\alpha_1 \supseteq \alpha_2$ con

$$\alpha_1(X_{12}) = 0$$

segue che $\alpha_1 \models S_1$.

Al Passo 1 è uscito solo il pivot. Ponendo $\alpha_0 \supseteq \alpha_1$ con

$$\alpha_0(X_{11}) = 1$$

concludiamo che $\alpha_0 \models S_0$.

Abbiamo così trovato un'assegnazione che soddisfa S. Notiamo che S rappresenta il problema di bicolorare tre vertici $1, 2, 3$ nel grafo i cui due archi collegano 1 con 2 e 2 con 3. Pertanto l'assegnazione α_0 è immediatamente interpretabile come una bicolorazione dei vertici del nostro grafo.

4.2 Refutazione

Definizione 4.3. Dato un insieme di clausole S, una *refutazione* di S è una successione finita di clausole $C_1, C_2, C_3, \ldots, C_{u-1}, C_u$ in cui $C_u = \square$, ed ogni C_j, o appartiene a S, oppure è il risolvente di due clausole C_p e C_q con $p, q < j$.

Esempio 4.4. Sia $S = \{\{A, B, \neg C\}, \{\neg A\}, \{A, B, C\}, \{A, \neg B\}\}$. Ecco una refutazione di S (tra parentesi la giustificazione di ogni clausola, come richiesto dalla definizione):

$$\begin{array}{ll}
C_1 = \{A, B, \neg C\} & (C_1 \in S) \\
C_2 = \{A, B, C\} & (C_2 \in S) \\
C_3 = \{A, B\} & (C_3 = R(C_1, C_2; \neg C, C)) \\
C_4 = \{A, \neg B\} & (C_4 \in S) \\
C_5 = \{A\} & (C_5 = R(C_3, C_4; B, \neg B)) \\
C_6 = \{\neg A\} & (C_6 \in S) \\
C_7 = \square & (C_7 = R(C_5, C_6; A, \neg A)).
\end{array}$$

Esercizio 4.5. Rappresenta questa refutazione con un grafo i cui vertici sono clausole e le cui frecce partono da ogni paio di clausole generanti in direzione del loro risolvente.

Soluzione:

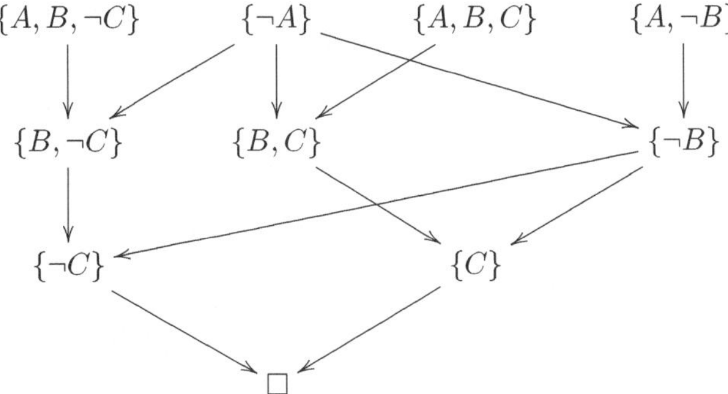

Per il fatto che una refutazione di S può solo produrre conseguenze logiche di S, l'apparire della clausola vuota tra queste conseguenze è un segnale sufficiente per concludere che nessuna assegnazione soddisfa S. Viceversa, il teorema di completezza ci assicura che, se S è insoddisfacibile, allora possiede una refutazione: ad esempio, aggiungendo a S l'insieme DPP(S) delle clausole prodotte da DPP, otteniamo una refutazione di S. Questa però spesso contiene risolventi che non servono per trovare la clausola vuota. Ecco perché apprezziamo molto le refutazioni *corte*: esse mantengono tutto il potere di certificare che S è insoddisfacibile, e lo fanno sinteticamente. Inoltre bastano pochi secondi per controllare che un grafo semplice come quello che abbiamo disegnato qui sopra davvero rappresenti una refutazione. La brevità di una buona refutazione ha un prezzo che invece non dobbiamo pagare quando calcoliamo i risolventi con DPP: richiede *inventiva*. Lo stesso tipo di inventiva ed economicità è richiesto al matematico per le sue dimostrazioni. Purtroppo in molti casi anche la massima inventiva non riesce ad abbattere la lunghezza di una refutazione: proprio come nel caso di problemi di colorabilità, non sembrano esserci scorciatoie.

Esercizi

1. Trascrivi in clausole queste premesse:
   a) almeno uno tra Andrea, Beatrice, Cesare e Delia ha fatto tredici;
   b) se Andrea ha fatto tredici, allora Cesare l'ha fatto;
   c) se Beatrice ha fatto tredici, allora Cesare non l'ha fatto;

d) se Beatrice non ha fatto tredici, allora Andrea l'ha fatto;

e) se Cesare ha fatto tredici, allora o Andrea o Beatrice l'hanno fatto;

f) se Delia ha fatto tredici, anche Cesare l'ha fatto;

g) se Delia non ha fatto tredici, o Andrea o Cesare l'hanno fatto.

Deduci la tesi che Andrea ha fatto tredici, ossia mostra che DPP produce la clausola vuota partendo dalle premesse e dalla negazione $\{\neg A\}$ della tesi.

2. Usando il model building mostra che dalle stesse premesse dell'esercizio precedente non segue logicamente che Delia ha fatto tredici.

3. Applica la procedura di Davis-Putnam a questi insiemi di clausole. Se ottieni l'insieme vuoto di clausole, fai il *model-building.*

a)

$$\{\{Z, W\}, \{Z, B\}, \{\neg Z, B\}, \{W, \neg Y\},$$
$$\{\neg Y, \neg W\}, \{\neg Y\}, \{Y, \neg B\}, \{A, \neg W, B\}, \{A, C, \neg B\},$$
$$\{W, \neg B\}, \{\neg Y, W\}, \{Y, \neg W\}\}$$

b)

$$\{\{E, H\}, \{C, \neg D\}, \{Y, \neg C, \neg W\}, \{Z, \neg Y, \neg C, \neg D\},$$
$$\{Z, \neg Y\}, \{D, \neg W\}, \{W, \neg F\}, \{F\}, \{\neg Z\}, \{\neg D, \neg C, \neg W, Z\},$$
$$\{Y, \neg C\}, \{D, \neg Z, \neg C\}, \{\neg Y, \neg W, C\}\}$$

c)

$$\{\{D, \neg W\}, \{Y, \neg W, F\}, \{\neg Y, \neg W, \neg F, G\}, \{Z, \neg Y\},$$
$$\{Y, \neg C\}, \{F, \neg G\}, \{Z, \neg C, \neg D\}, \{C, \neg D\}, \{W, \neg F\}, \{Z, C, \neg D\},$$
$$\{\neg Z, C, \neg D\}, \{\neg Y, W, F, G\}, \{Y, \neg W, \neg F\}, \{G, \neg Z\}\}$$

d)

$$\{\{Y, \neg C, \neg W\}, \{Z, \neg Y, \neg C, \neg D\}, \{C, \neg D\}, \{Z, \neg Y\},$$
$$\{D, \neg W\}, \{W, \neg F\}, \{F\}, \{\neg Z\}, \{\neg D, \neg C, \neg W, Z\}, \{Y, \neg C\},$$
$$\{Z, C\}, \{\neg Y, \neg W\}, \{D, \neg Z\}\}$$

e)

$$\{\{A, \neg B\}, \{A, B, C\}, \{\neg A, \neg B, \neg C\}, \{B, \neg A\},$$
$$\{B, \neg C\}, \{C, \neg B\}, \{B, A, \neg C\}, \{C, \neg A\}, \{A, \neg A, C\}, \{C, \neg D\}\}$$

f)

$$\{\{A, \neg B, \neg C, D, \neg E\}, \{C, \neg B\}, \{D, \neg A\}, \{B\},$$
$$\{C, A, \neg E\}, \{\neg D, A, B, C, D, E\}, \{C, \neg D\}, \{\neg D, \neg A, B\},$$
$$\{E, \neg C, D\}, \{D, \neg A\}, \{C, A, \neg E\}\}$$

g)

$$\{\{R, \neg S\}, \{T, \neg F\}, \{\neg Q, \neg T, \neg F, \neg G\}, \{G, \neg P\},$$
$$\{P, \neg Q\}, \{S, \neg T\}, \{Q, T, F, G\}, \{Q, \neg R\}, \{F, \neg G\}, \{P, R, S\}\}.$$

4. Dato un insieme S di clausole può succedere che in una sua refutazione qualche clausola di S non appaia? Può succedere che una clausola sia utilizzata più di una volta per produrre molti risolventi?

5. Che cosa succede se nella dimostrazione del teorema di completezza 4.1 decidiamo che l'assegnazione ω dia valore 1, anziché 0, a tutte le variabili fuoruscite?

6. Trova una refutazione più breve di DPP per l'insieme di clausole

$$\{E, A\}, \{\neg B, C\}, \{\neg A, B\}, \{A, B\}\{\neg C, \neg D\}, \{\neg C, D\}, \{\neg E, \neg A, \neg C\},$$

e rappresentala con un grafo come nell'Esercizio 4.5 di pagina 23.

Soluzione:

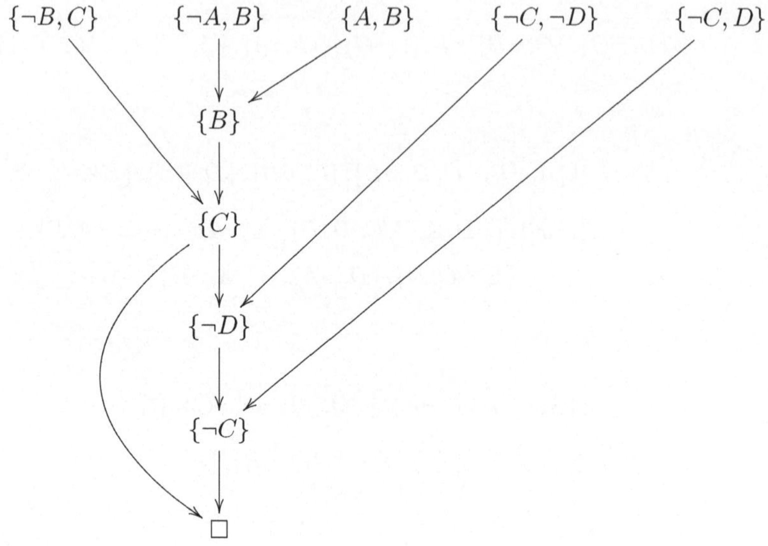

7. Trova una refutazione più breve di DPP per l'insieme di clausole

$$\{\{Q, \neg R\}, \{R, \neg S\}, \{S, \neg T\}, \{T, \neg U\}, \{U, \neg W\}, \{Q, R, S, T\}, \{T\},$$
$$\{\neg U, \neg W, \neg Z\}, \{W, \neg X\}, \{X, \neg Y\}, \{Y, \neg Z\}, \{Z, \neg Q\}, \{\neg W\}\}.$$

Rappresenta la refutazione con un grafo come nell'esercizio precedente.

8. Trova una refutazione più breve di DPP per questo insieme di clausole:

$$\{\{\neg A, B\}, \{\neg B, C\}, \{\neg C, D\}, \{\neg D, E\}, \{\neg E, F\}, \{\neg F, A\},$$
$$\{A, B, C\}, \{\neg D, \neg E, \neg F\}, \{A, C, E, F\}, \{\neg A, \neg C, \neg E, \neg F\}\}.$$

Rappresenta la refutazione con un grafo.

5

Classi fulminee per DPP

5.1 Clausole Krom

In certi casi DPP procede con grande velocità, anche con insiemi K di clausole aventi migliaia di variabili, mentre altre procedure (ad es., le "tavole di verità", in cui si tentano tutte le assegnazioni) impiegherebbero tempi geologici per decidere se K sia soddisfacibile e per trovare un'assegnazione.

Clausola Krom. Si chiama *clausola Krom* una clausola avente al più 2 letterali.

Nei casi peggiori i primi m passi di DPP tendono a produrre molti risolventi, con un incremento rapidissimo. Avviene così una sorta di "esplosione" della DPP. Ma quando le clausole sono Krom, questo non può avvenire, semplicemente per mancanza di clausole. Per la precisione:

Proposizione 5.1. *Un insieme S di clausole Krom nelle variabili*

$$X_1, \ldots, X_n$$

viene processato da DPP in al più n passi, in ciascuno dei quali si generano non più di $2n^2 + n + 1$ clausole.

Dimostrazione. Il risolvente di due clausole Krom è ancora una clausola Krom.

Le variabili $X_1, \ldots, X_n$ producono esattamente $2n$ letterali. Le possibili clausole Krom sono allora:

- la clausola vuota (con zero letterali);
- le $2n$ clausole con 1 letterale;
- le $2n(2n-1)/2$ clausole con 2 letterali.

Dunque in totale ci sono $2n^2 + n + 1$ clausole Krom. □

L'intero svolgimento di DPP comporta per clausole Krom un dispendio di spazio (e di tempo di calcolo) moderatamente crescente con il numero n delle loro variabili.

5.2 Clausole Horn

Sussunzione. Una clausola C *sussume* una clausola G se $C \subseteq G$ e $C \neq G$. In particolare, la clausola vuota sussume ogni altra clausola. È anche facilissimo vedere che se una clausola C sussume G allora G è conseguenza logica di C.

La seguente regola di pulizia permette di cancellare tutte le clausole sussunte.

Lemma 5.2. *Sia S' l'insieme ottenuto da S per eliminazione di una clausola G sussunta da una clausola $C \in S$. Allora $S' \equiv S$.*

Dimostrazione. Se α soddisfa S allora α soddisfa S', dato che $S' \subseteq S$. Viceversa supponiamo che α soddisfi S' e che sia appropriata ad S. Supponiamo che S' sia ottenibile da S togliendo ad S una clausola G sussunta da qualche altra clausola $C \in S$. Notiamo che $C \in S'$ e che $\alpha \models C$, dunque α soddisfa qualche letterale $L \in C$ e dunque $\alpha \models L \in G$. Di conseguenza α soddisfa S. □

Clausola Horn. Si chiama *clausola Horn* una clausola avente al più un letterale non negato.

Esempi di clausole Horn sono la clausola vuota □, le *unità*, ossia le clausole consistenti di una variabile $\{A\}$, $\{B\}$, $\{C\}, \ldots$, le clausole totalmente negative $\{\neg A\}$, $\{\neg A, \neg B, \neg C\}$, e le clausole del tipo misto come $\{\neg A, \neg B, C\}$, contenenti una sola variabile non negata e alcune variabili negate.

Ricordando il Lemma 5.2 abbiamo:

Proposizione 5.3. *Sia S un insieme di clausole Horn nelle variabili*

$$X_1, \ldots, X_n,$$

privo di tautologie e di clausole sussunte. Allora eseguendo la DPP con eliminazione di tutte le clausole sussunte via via ottenute, l'insieme S_t di clausole ottenute al passo t $(t = 1, 2, 3, \ldots, n)$, ha un numero di clausole minore o uguale al numero di clausole di S.

Dimostrazione. Se S contiene la clausola vuota allora per ipotesi $S = \{\Box\}$ e DPP si ferma qui. Altrimenti, DPP parte; osserviamo che il risolvente di due clausole Horn è ancora una clausola Horn. Se S non ha unità allora è banalmente soddisfacibile dall'assegnazione che dà zero a tutte le variabili. Se viceversa S contiene un'unità U, allora essa non solo sarà il pivot, ma inoltre non vi possono essere in S clausole del tipo $\{\neg A, \neg B, U\}$, perché sussunte da $\{U\}$. Dunque, $\{U\}$ parteciperà alla formazione di ogni U-risolvente. Ogni passo di DPP produce un numero di clausole non solo minore di quello di partenza, ma anche più corto. □

Anche in questo caso l'intero svolgimento di DPP richiede un tempo di calcolo moderatamente crescente rispetto al numero di clausole in S.

Esercizi

1. Refuta l'insieme di clausole della formula (1.1) a pagina 4, che esprime la bicolorabilità dei vertici del pentagono.

   Soluzione:

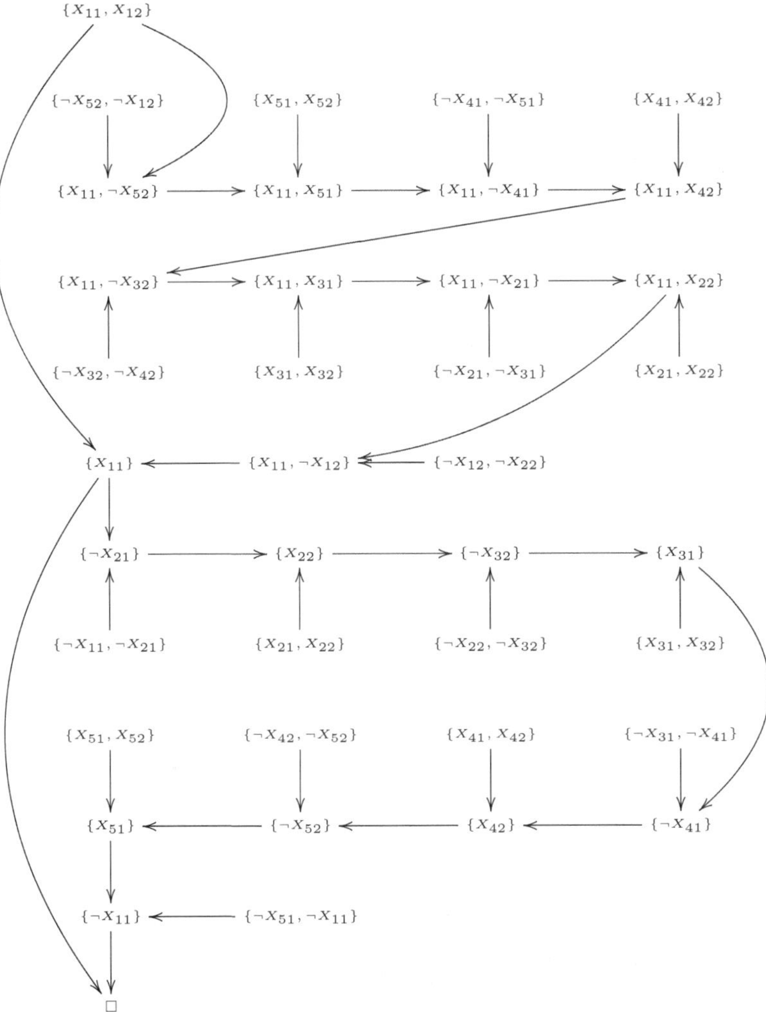

   Nota: I problemi di bicolorabilità sono facili perché sono sempre riducibili a problemi di soddisfacibilità di poche clausole Krom; se poi vogliamo evitare tale riduzione, ci assiste un lemma combinatorio che dice che un grafo G è bicolorabile sse non ha cicli con un numero dispari di vertici: dovremo allora descrivere una procedura altrettanto veloce per controllare che G non abbia tali cicli.

2. Applica la procedura di Davis-Putnam a questi insiemi di clausole. Se ottieni l'insieme vuoto di clausole, fai il *model-building.*

a)

$$\{\{Q,\neg R\},\{R,\neg S\},\{S,\neg T\},\{T,\neg U\},\{U,\neg W\},$$
$$\{W,\neg X\},\{X,\neg Y\},\{Y,\neg Z\},\{Z,\neg Q\},\{T\},\{\neg W\}\}$$

b)

$$\{\{Q,\neg R\},\{R,\neg S\},\{S,\neg T\},\{T,\neg U\},\{U,\neg W\},$$
$$\{W,\neg X\},\{X,\neg Y\},\{Y,\neg Z\},\{Z,\neg Q\}\}$$

c)

$$\{\{D,\neg W\},\{Y,\neg W,\neg F\},\{\neg Y,\neg W,\neg F,G\},\{C,\neg D\},\{Y\},\{Z\},$$
$$\{Z,\neg Y\},\{Y,\neg C\},\{F,\neg G\},\{Z,\neg C,\neg D\},\{W,\neg F\},\{G,\neg Z\},$$
$$\{Z,\neg C,\neg D\},\{\neg Z,C,\neg D\},\{\neg Y,\neg W,\neg F,\neg G\},\{Y,\neg W,\neg F\}\}$$

d)

$$\{\{Y,\neg E,\neg W\},\{A,\neg H\},\{E,\neg D\},\{Z,\neg Y,\neg E,\neg D\},\{A\},\{H\},$$
$$\{Z,\neg Y\},\{D,\neg W\},\{W,\neg F\},\{F\},\{\neg Z\},\{\neg D,\neg E,\neg W,Z\},$$
$$\{Y,\neg E\},\{D,\neg Z,\neg E\},\{\neg Y,\neg W,E\},\{Y\},\{Z\}\}$$

e)

$$\{\{Y,\neg E,\neg W,\neg A\},\{Y,\neg E,\neg W,\neg A\},\{\neg Y,E,\neg W,\neg B\},\{W\},$$
$$\{\neg Y,\neg E,\neg W,\neg B\},\{A,\neg B\},\{B,\neg C,\neg A\},\{C,\neg D,\neg B\},\{A\},$$
$$\{\neg D,E,\neg W,\neg C,\neg A\},\{D,\neg W,\neg E,\neg B\},\{W,\neg A\},\{B\},\{C\}\}$$

f)

$$\{\{Y,\neg E,\neg W,\neg A,\neg C\},\{Y,\neg E,\neg W,\neg A\},\{\neg Y,E,\neg W,\neg B,\neg C\},$$
$$\{\neg Y,\neg E,\neg W,\neg B\},\{\neg A,\neg B\},\{B,\neg C,\neg A\},\{\neg D,\neg B,\neg C\},\{A,\neg C\},$$
$$\{\neg D,E,\neg W,\neg C,\neg A\},\{D,\neg W,\neg E,\neg B,\neg C\},\{W,\neg A,\neg C\},\{C\},$$
$$\{Y\},\{E\},\{D\},\{W\}\}.$$

Soluzione dell'ultimo esercizio (non appaiono le clausole non necessarie per la refutazione; le clausole sussunte vanno cancellate subito):

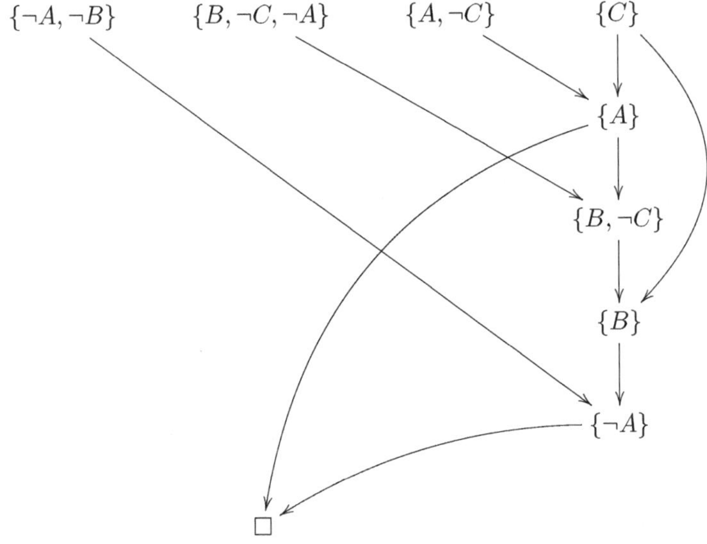

6

Teorema di compattezza di Gödel

6.1 Materiale preparatorio

Finora abbiamo considerato solamente insiemi finiti di clausole. Ma come vedremo nella seconda parte del manuale, gli insiemi infiniti hanno un ruolo importante. Pertanto estendiamo la nozione di soddisfacibilità come segue:

Soddisfazione di un insieme infinito di clausole. Sia dato un insieme S (finito o infinito) di clausole. Sia $Var(S)$ l'insieme delle variabili che occorrono nelle clausole di S. Allora un'assegnazione α è *appropriata* ad S se il dominio di α contiene $Var(S)$. Diciamo che α *soddisfa* S, e scriviamo

$$\alpha \models S,$$

se soddisfa ogni clausola di S; S è *insoddisfacibile* se non è soddisfatto da nessuna assegnazione.

Diciamo anche che un insieme S di clausole è *finitamente soddisfacibile* (f.s., per brevità) se ogni sottinsieme *finito* Q di S è soddisfacibile. In questo caso l'assegnazione $\alpha = \alpha_Q$ che soddisfa Q dipende da Q, e a prima vista nulla fa supporre che dalle varie α_Q si possa ottenere un'assegnazione α^* che simultaneamente soddisfi tutte le clausole di S. Viceversa, siccome un'assegnazione che soddisfa S soddisfa anche ogni suo sottinsieme finito, la soddisfacibilità di S sembra una condizione più forte della finita soddisfacibilità.

Sorprendentemente, il Teorema 6.2 stabilirà che le due condizioni sono equivalenti. Prima di passare alla sua dimostrazione ecco un semplice banco di prova per controllare la nostra comprensione della nozione di finitamente soddisfacibile:

Lemma 6.1. *Sia S un insieme di clausole finitamente soddisfacibile e X una variabile. Sia $S' = S \cup \{X\}$ l'insieme ottenuto aggiungendo ad S la clausola singoletto $\{X\}$. Sia $S'' = S \cup \{\neg X\}$. Allora o S' o S'' è finitamente soddisfacibile.*

Mundici D.: Logica: Metodo Breve.

Dimostrazione. Supponiamo per assurdo che né S' né S'' siano finitamente soddisfacibili. Siccome $S \cup \{X\}$ non è f.s., un suo sottinsieme finito $\{A_1 \dots A_p\}$ è insoddisfacibile, e dunque

$$\text{nessuna assegnazione soddisfa } \{A_1 \dots A_p\}. \tag{6.1}$$

Siccome S è f.s., segue che la clausola singoletto $\{X\}$ deve essere una delle clausole A_i, diciamo l'ultima. Dunque $\{A_1 \dots A_{p-1}\} \subseteq S$ è soddisfacibile. Analogamente esiste un sottinsieme finito insoddisfacibile $\{B_1 \dots B_q\} \subseteq S \cup \{\neg X\}$, e possiamo scrivere

$$\text{nessuna assegnazione soddisfa } \{B_1 \dots B_q\}. \tag{6.2}$$

Segue che $\{\neg X\}$ deve coincidere con uno dei B_j, diciamo l'ultimo, ed inoltre $\{B_1 \dots B_{q-1}\} \subseteq S$ è soddisfacibile. Siccome $\{A_1 \dots A_{p-1}, B_1 \dots B_{q-1}\}$ è un sottinsieme finito di S, per ipotesi è soddisfacibile. Sia α un'assegnazione tale che

$$\alpha \models \{A_1 \dots A_{p-1}, B_1 \dots B_{q-1}\}. \tag{6.3}$$

Supponendo α appropriata anche a X (se così non fosse, la estenderemmo su X a piacere rendendola appropriata) ci sono due casi

Caso 1. $\alpha \models X$. Ma allora α contraddice (6.1).

Caso 2. $\alpha \models \neg X$. Ma allora α contraddice (6.2).

La contraddizione che abbiamo trovato in entrambi i casi fa cadere l'ipotesi posta per assurdo, e dunque o S' oppure S'' è finitamente soddisfacibile, come volevamo dimostrare. □

6.2 Il teorema: enunciato e dimostrazione

Teorema 6.2 (Teorema di compattezza di Gödel, 1930). *Se S è un insieme insoddisfacibile di clausole, allora S ha un sottinsieme finito insoddisfacibile. Il viceversa, come osservato, è banale.*

Dimostrazione. Ci limiteremo al caso in cui S ha un'infinità numerabile di clausole. Sia $Var(S) = \{X_1, X_2, X_3, \dots\}$ l'elenco di tutte le variabili in S. Costruiamo una successione $S_0 \subseteq S_1 \subseteq S_2 \dots$ crescente di insiemi di clausole in questo modo:

$$S_0 = S$$

$$S_{n+1} = \begin{cases} S_n \cup \{X_{n+1}\}, & \text{se } S_n \cup \{X_{n+1}\} \text{ è f.s.} \\ S_n \cup \{\neg X_{n+1}\}, & \text{se } S_n \cup \{X_{n+1}\} \text{ non è f.s.} \end{cases}$$

Poniamo poi

$$S_* = \bigcup S_n.$$

Prima affermazione. Per ciascun $n = 0, 1, 2, 3, \dots$, l'insieme S_n è f.s.

Questo si dimostra per induzione. La base è banale, perché $S_0 = S$ è f.s. per ipotesi. Passo induttivo: per ipotesi induttiva, ciascun insieme S_n è f.s., e dobbiamo dimostrare che S_{n+1} è f.s. Ma questo segue immediatamente dalla definizione di S_{n+1}, ricordando il Lemma 6.1.

Seconda affermazione. Anche S_* è f.s.

Infatti, ogni suo sottinsieme finito Q è incluso in qualche S_j e siccome per la Prima affermazione S_j è f.s., segue che Q è soddisfacibile.

Terza affermazione. Per ogni variabile $X_i, i = 1, 2, 3, \ldots$, una e una sola tra le clausole singoletto $\{X_i\}$ e $\{\neg X_i\}$ appartiene a S_*.

In effetti, per costruzione almeno una di loro sta in S_i e quindi in S_*. Ma non possono starci entrambe, perché altrimenti S_* conterrebbe un insieme insoddisfacibile costituito dalle due clausole $\{X_i\}$ e $\{\neg X_i\}$ dunque non sarebbe f.s., come abbiamo appurato con la Seconda affermazione.

Siamo ora in grado di mostrare che S_* è soddisfacibile. Costruiremo un'assegnazione α che soddisfa S_*. Per cominciare poniamo $dom(\alpha) = Var(S_*)$. Poi, per ogni variabile X_i, stipuliamo che

$$\alpha \models X_i \text{ sse } \{X_i\} \in S_*. \tag{6.4}$$

Quarta affermazione. Per ogni clausola $F \in S_*$ si ha che $\alpha \models F$.

Per assurdo, supponiamo $\alpha \not\models F$. Siano $L_1, \ldots, L_u$ i letterali di F. Dunque per ogni $i = 1, \ldots, u$, $\alpha \not\models L_i$, e quindi α soddisfa l'opposto di L_i, $\alpha \models \overline{L_i}$. Combinando la Terza affermazione con la definizione (6.4) segue che $\overline{L_i} \in S_*$. Siccome, per la Seconda affermazione, S_* è finitamente soddisfacibile, esiste un'assegnazione $\beta \models F \cup \{\overline{L_1}, \ldots, \overline{L_u}\}$. Segue che α e β danno gli stessi valori a ogni variabile di F, e dunque anche α deve soddisfare F, proprio come fa β. Avendo ottenuto una contraddizione, la Quarta affermazione è dimostrata.

Essendo S un sottinsieme di S_*, dalla Quarta affermazione segue che α soddisfa S. Il teorema è dimostrato. □

Esercizi

1. Trova un insieme infinito di clausole nell'insieme di variabili

$$I = \{X_1, X_2, X_3, \ldots\}$$

che sia soddisfatto da una sola assegnazione $\alpha: I \to \{0, 1\}$.

2. Considera il seguente insieme infinito S di clausole:

$$\{\neg X_1, X_2\}, \{\neg X_2, X_1\}, \{\neg X_2, X_3\}, \{\neg X_3, X_2\}, \ldots.$$

Quante assegnazioni $\alpha: \{X_1, X_2, X_3, \ldots\} \to \{0, 1\}$ soddisfano S?

3. Sia data una tavolozza con tre colori 1, 2, 3. Dato un grafo G, chiamiamo i suoi vertici $1, 2, 3, \ldots$. Utilizzando le variabili proposizionali X_{ni} che dicono "il vertice n ha il colore i", si può formalizzare la tricolorabilità di G con un insieme di clausole. Essendo G è infinito occorreranno infinitamente molte clausole. Dimostra che G è tricolorabile sse ogni suo sottografo finito è tricolorabile. Per definizione, un sottografo di G è un sottinsieme dei vertici di G collegati dagli stessi archi che li collegavano in G.

4. Nel Lemma 6.1 può succedere che sia S' che S'' siano finitamente soddisfacibili?

5. Se $Var(S)$ è finito, che cosa succede al Teorema 6.2?

7

Logica di Boole: sintassi

7.1 Le formule booleane

Studiamo ora un linguaggio più esteso (ma come vedremo non più espressivo) del linguaggio delle clausole considerato finora, in cui è ancora possibile definire precisamente i concetti di soddisfacibilità, equivalenza, conseguenza logica.

Per costruire la sintassi, che è un po' più complicata di quella delle clausole, il punto di partenza è un insieme finito di simboli, detto *alfabeto*, contenente i tre *connettivi* fondamentali di negazione $\neg$, congiunzione $\wedge$, e disgiunzione $\vee$. Tali connettivi vengono applicati ripetutamente, partendo dalle variabili. Per evitare ambiguità, come nell'algebra elementare, si introducono le parentesi tonde per raggruppare espressioni. Dunque abbiamo:

Alfabeto. È l'insieme Σ costituito dai sette simboli $\{X, I, \wedge, \vee, \neg,), (\}$. Ogni successione finita di simboli di Σ si chiama una *stringa su* Σ.

Variabile. Le stringhe della forma $X, XI, XII, XIII, \ldots$ si chiamano *variabili.*

Formula. Si definisce induttivamente così:

- ogni variabile è una formula;
- se F e G sono formule, allora $(F \wedge G)$ è una formula;
- se F e G sono formule, allora $(F \vee G)$ è una formula;
- se F è una formula, allora $\neg F$ è una formula.

I lettori che non hanno familiarità con le definizioni induttive possono adottare la seguente, equivalente:

Ridefinizione di formula. Una formula F è una stringa sull'alfabeto Σ per la quale esiste un *certificato di parsing (=analisi sintattica),* ossia una

Mundici D.: Logica: Metodo Breve.

successione finita $S_1, S_2, \ldots, S_u$ di stringhe su Σ con la proprietà che per ogni $j = 1, \ldots, u$ la stringa S_j ricade in *almeno uno* dei seguenti casi:

- S_j è una variabile;
- S_j è della forma $\neg S_i$ per qualche stringa S_i precedente;
- S_j è della forma $(S_p \wedge S_q)$ con $p, q < j$;
- S_j è della forma $(S_p \vee S_q)$ con $p, q < j$;

ed inoltre, la stringa finale S_u coincide con F.

7.2 Non ambiguità della sintassi

Vi è una certa analogia tra la definizione di formula e la definizione di refutazione di un insieme di clausole. Ma qui non occorre nessuna inventiva per decidere fulmineamente se una stringa sia una formula. Per dimostrare questo fatto occorrono alcuni risultati preparatori:

Proposizione 7.1. *Ogni formula F è* bilanciata, *nel senso che il numero di parentesi aperte in F è uguale al numero di quelle chiuse.*

Dimostrazione. Sia $S_1, S_2, \ldots, S_u = F$ un certificato di parsing. Mostreremo per induzione su $j = 1, \ldots, u$ che ogni stringa S_j è bilanciata. Così in particolare F risulterà bilanciata.

Passo base. S_1 è necessariamente una variabile $XI \ldots I$. Allora S_1 ha 0 parentesi aperte e 0 chiuse e dunque è bilanciata.

Ipotesi induttiva. Supponiamo che l'enunciato sia vero per $S_1, S_2, \ldots, S_j$. Dobbiamo ora dimostrare l'enunciato per S_{j+1}. Per definizione di certificato di parsing, S_{j+1} ricade in *almeno uno* dei seguenti tre casi:

1. S_{j+1} è una variabile. Allora l'enunciato è vero, come già osservato.
2. S_{j+1} è del tipo $\neg S_t$ con $t < j + 1$. Per ipotesi induttiva S_t è bilanciata, e ciò necessariamente varrà anche per S_{j+1}, visto che per passare da S_t a S_{j+1} non abbiamo aggiunto parentesi.
3. S_{j+1} è del tipo $(S_a \vee S_b)$ o $(S_a \wedge S_b)$ con $a, b < j+1$. Per ipotesi induttiva, sia S_a che S_b sono bilanciate. Per ispezione diretta anche S_{j+1} è bilanciata.

□

Utilizzando questa proposizione, e chiamando *binari* i connettivi $\wedge, \vee$, con lo stesso metodo si dimostra:

Proposizione 7.2. *Supponiamo che la formula F abbia qualche connettivo binario. Allora alla sinistra di ogni connettivo binario di F ci sono più parentesi aperte che chiuse. Inoltre, c'è un unico connettivo binario alla cui sinistra le parentesi aperte sono una in più delle chiuse.*

Il seguente teorema mostra che la nostra sintassi non è ambigua:

Teorema 7.3 (Unica leggibilità delle formule booleane). *Per ogni formula F si verifica uno e uno solo dei seguenti quattro casi:*

1. *L'iniziale di F è il simbolo X; allora F coincide con una ben precisa variabile.*
2. *L'iniziale di F è il simbolo $\neg$; allora F è della forma $\neg G$, ove G è una formula.*
3. *L'iniziale di F è la parentesi aperta, e F è della forma $(A \wedge B)$, con A e B formule univocamente determinate.*
4. *L'iniziale di F è la parentesi aperta, e F è della forma $(A \vee B)$, con A e B formule univocamente determinate.*

Dimostrazione. Sia $S_1, S_2, \ldots, S_u = F$ un certificato di parsing per F. L'iniziale di F non può essere che uno dei simboli $X, \neg$ oppure la parentesi aperta. Se l'iniziale di F è X oppure $\neg$ si ricade rispettivamente nel primo o nel secondo caso, e tutto è banalmente verificato. Se l'iniziale di F è la parentesi aperta avremo un problema a distinguere tra il terzo e il quarto caso, e a trovare un'unica decomposizione. Supponiamo per assurdo che F abbia due letture diverse, diciamo $F = (A \vee B) = (P \vee Q)$. In altre parole, in un certificato di parsing F appare come disgiunzione delle formule A e B, mentre in un altro certificato appare come disgiunzione di P e Q. Facciamo l'ipotesi di lavoro (che presto risulterà assurda) che A sia più lunga di P. Allora quell'$\vee$ della lettura $(A \vee B)$ viene più a destra dell' $\vee$ della lettura $(P \vee Q)$. Quest'ultimo $\vee$ dunque sta in A. Per la Proposizione 7.2, in A le parentesi aperte alla sua sinistra sono almeno una in più delle chiuse. Quindi, in F questo $\vee$ ha alla sua sinistra almeno due parentesi aperte in più delle chiuse—perché a quelle di A va aggiunta la parentesi aperta iniziale di F. Ma nello stesso tempo, la lettura $(P \vee Q)$ ci dice che alla sinistra di questo stesso $\vee$ le parentesi aperte sopravanzano le chiuse precisamente di una, essendo P bilanciata. Contraddizione. Dunque A non è più lunga di P. Per simmetria, P non è più lunga di A. Ma allora la formula P è lunga quanto A, e quinfi la stringa P coincide con la stringa A. Segue automaticamente che $B = Q$. Allo stesso modo si mostra che F non ammette due letture $F = (C \vee D) = (R \wedge S)$. □

Esempio 7.4. La formula $F = (\neg(XII \wedge XI) \vee XIII)$ comincia con una parentesi aperta "(" quindi siamo nel Caso 3 o 4. Partendo da sinistra, per ogni connettivo $\wedge$ oppure $\vee$ contiamo di quanto vincono le parentesi aperte alla sua sinistra, rispetto alle chiuse. Quando incontriamo il primo connettivo binario in cui le aperte vincono di uno, spezziamo la formula in due, quella di sinistra e quella di destra, eliminando le due parentesi esterne. Nel nostro esempio tale connettivo è un $\vee$, e siamo nel Caso 4. Alla sua sinistra troviamo la formula $\neg(XII \wedge XI)$, mentre a destra troviamo la formula XIII. Quest'ultima non è ulteriormente scomponibile, e siamo nel Caso 1. Invece per la formula $\neg(XII \wedge XI)$ ripetiamo questa procedura di parsing. Ora comincia con $\neg$, e siamo nel Caso 2. Eliminiamo il $\neg$, restando con $(XII \wedge XI)$, da trattare secondo il Caso

3. Alla sua sinistra rimaniamo con la variabile XII, mentre a destra abbiamo la variabile XI. Il certificato di parsing che registra questa costruzione è il seguente:

$$XII,\ XI,\ XIII,\ (XII \wedge XI),\ \neg(XII \wedge XI),\ (\neg(XII \wedge XI) \vee XIII).$$

Questo certificato è rappresentato graficamente dall'*albero di parsing*[1] della seguente figura:

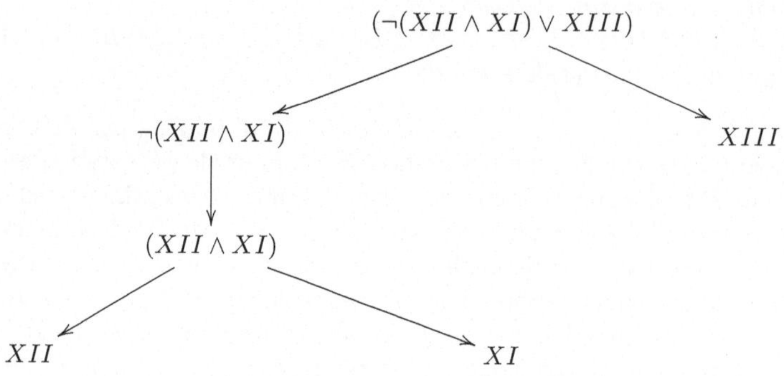

Quando per una certa stringa questo meccanismo di parsing si inceppa e non si riesce ad arrivare alle variabili, vuol dire che quella stringa non è una formula. Ad esempio, la stringa $\neg(\neg((XI \wedge XII) \vee XIII))$ non è una formula perché non ha un connettivo binario alla cui sinistra le parentesi aperte superino le chiuse di una unità.

Esercizi

1. Dimostra la Proposizione 7.2.
2. Quali di queste stringhe di simboli sono formule e quali non lo sono? (il parsing si inceppa per queste ultime):

$$(((\neg XIII \vee \neg\neg XII) \wedge \neg X) \vee \neg XIII),\quad (\neg XIII),\quad ((X \vee X)),$$

$$\neg(\neg(\neg X \wedge (XIII \vee X) \vee XII)),\quad (\neg XI \wedge XII),$$

$$((\neg XII \vee XII)) \vee XI) \vee (((\neg(\neg XIII) \wedge X) \vee XII)).$$

[1]Nei testi matematici, per ragioni tipografiche, gli alberi crescono verso il basso.

3. Dimostra per induzione sul numero di connettivi:

   a) in nessuna formula può verificarsi la successione di simboli ();

   b) in ogni formula il numero di parentesi aperte non può essere minore del numero di $\vee$;

   c) in nessuna formula può verificarsi la successione di simboli $X\neg$;

   d) in ogni formula le parentesi sono il doppio dei connettivi binari;

   e) in ogni formula i connettivi binari sono meno delle variabili;

   f) se una formula F non ha negazioni e l'unica sua variabile è la X allora il numero totale dei suoi simboli è $4k+1$, per qualche $k = 0, 1, 2, 3, \ldots$;

   g) in una formula chiama *giallo* un connettivo binario se alla sua sinistra le parentesi aperte sono esattamente due in più delle chiuse. Dimostra che in ogni formula F non vi possono essere più di due connettivi gialli.

4. Sia P il numero di parentesi in una formula, B il numero di connettivi binari, e V il numero di variabili. Dimostra che $P + B \geq 2(V - 1)$.

5. Conferma o smentisci:

   a) in nessuna formula può esistere un connettivo binario a sinistra del quale le parentesi aperte sono 3 di più rispetto alle chiuse;

   b) per ogni formula F sia v il numero di occorrenze di variabili in F, ed a e c rispettivamente il numero di parentesi aperte e chiuse. Allora $3a - 2c < v$.

8

Logica di Boole: semantica

8.1 Assegnazione, conseguenza, equivalenza

Completate le definizioni sintattiche passiamo alle definizioni semantiche.

Assegnazione. Per *assegnazione* intendiamo, come sempre, una funzione α il cui dominio $dom(\alpha)$ è un certo insieme di variabili, e i cui valori possibili sono 0 e 1. Sia F una formula definita sull'alfabeto Σ, e sia $\{X_1, \ldots, X_n\} = Var(F)$ l'insieme delle sue variabili. Allora l'assegnazione α è *appropriata* ad F se $dom(\alpha) \supseteq \{X_1, \ldots, X_n\}$. Dunque, α assegna un valore di verità a ciascuna variabile in F.

Supporremo sempre tacitamente che tutte le assegnazioni siano appropriate alle formule a cui si riferiscono. E naturalmente, quando costruiremo assegnazioni garantiremo la loro appropriatezza.

Soddisfazione. Data una formula F, con un suo certificato di parsing, per induzione si definisce $\alpha \models F$ (leggi: α *soddisfa* F) come segue:

- se $F = Y$, ove Y è una variabile, allora $\alpha \models Y$ significa $\alpha(Y) = 1$;
- se F è una negazione, per esempio, $F = \neg G$, allora $\alpha \models F$ significa che non è vero che $\alpha \models G$, in simboli, $\alpha \not\models G$;
- se F è una congiunzione, $F = (P \wedge Q)$ allora $\alpha \models F$ significa che $\alpha \models P$ e $\alpha \models Q$;
- se F è una disgiunzione, $F = (P \vee Q)$, allora $\alpha \models F$ significa che $\alpha \models P$ oppure $\alpha \models Q$.

Osservazione. Il Teorema 7.3 di unica leggibilità è decisivo per il buon funzionamento di questa definizione. Senza di esso, il fatto che α soddisfi F potrebbe dipendere dal certificato di parsing di F.

Mundici D.: Logica: Metodo Breve.

Soddisfacibile. Quando esiste un'assegnazione α tale che $\alpha \models F$ allora F è detta *soddisfacibile;* altrimenti è *insoddisfacibile.*

Tautologia. Quando $\alpha \models F$ per ogni assegnazione α (appropriata a F), diciamo che F è una *tautologia.* Evidentemente, F è una tautologia sse $\neg F$ è insoddisfacibile.

Soddisfazione di un insieme infinito di formule. Sia dato un insieme S (eventualmente infinito) di formule. Sia $Var(S)$ l'insieme delle variabili che occorrono nelle formule di S. Allora un'assegnazione α è *appropriata* ad S se $dom(\alpha) \supseteq Var(S)$. Diciamo che α *soddisfa* S, e scriviamo $\alpha \models S$, se soddisfa ogni formula di S; quando nessuna assegnazione soddisfa S, allora diciamo che S è *insoddisfacibile*

Conseguenza logica, equivalenza. Diciamo che G è *conseguenza logica* di F se ogni assegnazione α che soddisfa F soddisfa anche G. Si intende che α deve essere appropriata a entrambe le formule. Due formule F e G sono dette *equivalenti*, $F \equiv G$, se ciascuna è conseguenza dell'altra.

Vi è un'ovvia relazione tra conseguenza logica e insoddisfacibilità:

Lemma 8.1. *G è conseguenza logica di F sse $F \wedge \neg G$ è insoddisfacibile.*

Questo lemma è alla base del "metodo refutazionale" per calcolare le conseguenze logiche, che approfondiremo più avanti.

Esercizi

Per facilitare la lettura, le formule in questi esercizi sono scritte omettendo le parentesi esterne. Per risparmiare altre parentesi supponiamo poi che la negazione $\neg$ abbia la precedenza rispetto ai connettivi binari. Dunque $\neg A \vee B$ sta per $(\neg A \vee B)$ e non per $\neg(A \vee B)$.

I connettivi booleani e l'implicazione

1. In questo esercizio ogni frase può essere scritta in uno solo dei due modi $A \rightarrow B$ oppure $B \rightarrow A$. Indica qual è il caso:

   - A è condizione sufficiente per B;
   - A è condizione necessaria per B;
   - A se B;

- A è condizione *sine qua non* per B;
- A vale non appena B vale;
- A oppure $\neg B$;
- è impossibile avere A e $\neg B$;
- A solamente se B;
- A segue da B.

2. Indica con A la frase "Arnaldo ama la natura, con B la frase "Arnaldo è un cacciatore di frodo, e con C la frase "Arnaldo è sciocco. Traduci poi le seguenti frasi nel linguaggio simbolico del calcolo proposizionale:

   a) se Arnaldo ama la natura ed è un cacciatore di frodo, allora è sciocco;

   b) Arnaldo non ama la natura ed è sciocco se è un cacciatore di frodo;

   c) o Arnaldo ama la natura, oppure è un cacciatore di frodo ed è sciocco;

   d) se Arnaldo è un cacciatore di frodo oppure non ama la natura, allora è sciocco.

3. Traduci le seguenti formule in frasi italiane, dando a A, B, C il significato loro attribuito nell'Esercizio 2:

   a) $(A \to B) \to \neg C$

   b) $\neg B \wedge C$

   c) $\neg(C \wedge \neg C)$

   d) $(A \wedge B) \to (C \vee \neg B)$

   e) $\neg A \vee C$

   f) $\neg(A \vee C)$.

Assegnazione, conseguenza, equivalenza

1. Date due formule arbitrarie D e E e un'assegnazione α appropriata a entrambe, quali delle seguenti affermazioni sono corrette e quali sbagliate?

   a) se $\alpha \models D \wedge E$, allora $\alpha \models D$ e $\alpha \models E$;

   b) se $\alpha \models D$ e $\alpha \models E$, allora $\alpha \models D \wedge E$;

   c) se $\alpha \models \neg D$, allora non può essere che $\alpha \models D$;

   d) se non è vero che $\alpha \models D$, allora $\alpha \models \neg D$;

e) se $\alpha \models D \to E$, ed inoltre $\alpha \models D$, allora $\alpha \models E$;

f) se non $\alpha \models D \to E$, allora $\alpha \models D$ e $\alpha \models \neg E$;

g) se $\alpha \models \neg(D \to E)$, allora $\alpha \models D$ e $\alpha \models \neg E$;

h) se non $\alpha \models D \wedge E$, allora $\alpha \models \neg D$ oppure $\alpha \models \neg E$;

i) se $\alpha \models \neg(D \wedge E)$, allora $\alpha \models \neg D$ o $\alpha \models \neg E$;

j) se non $\alpha \models D \vee E$, allora $\alpha \models \neg D$ e $\alpha \models \neg E$;

k) se $\alpha \models \neg(D \vee E)$, allora $\alpha \models \neg D$ e $\alpha \models \neg E$.

2. Per le seguenti formule hai a disposizione tre alternative:
   (i) la formula non è soddisfacibile;
   (ii) è soddisfacibile, ma non da tutte le assegnazioni appropriate ad essa;
   (iii) è tautologica, ossia soddisfatta da tutte le assegnazioni appropriate ad essa.

   Attribuisci l'alternativa giusta a ciascuna formula:

   a) $P \to \neg P$

   b) $P \to Q$

   c) $(P \to \neg P) \wedge (\neg P \to P)$

   d) $P \to (P \wedge Q)$

   e) $P \to (P \vee Q)$

   f) $\neg(P \vee Q) \to (\neg Q \wedge \neg P)$

   g) $(P \vee Q) \to (P \wedge Q)$

   h) $(P \to Q) \to (\neg Q \to \neg P)$

   i) $(P \to Q) \to (\neg P \to \neg Q)$

   j) $\neg(P \to Q) \to (P \wedge \neg Q)$

   k) $\neg(P \wedge Q) \to (\neg P \vee \neg Q)$.

3. Verifica le seguenti tautologie:

   a) $(A \to B) \to ((B \to C) \to (A \to C))$

   (*Soluzione:* ci sono 8 assegnazioni possibili per le tre variabili proposizionali; occorre verificare che ognuna di esse soddisfa la formula)

   b) $((A \wedge B) \to C) \to (A \to (B \to C))$

   c) $\neg A \to (A \to B)$

   d) $(\neg(\neg F \vee G) \vee G) \to (\neg(\neg G \vee F) \vee F)$.

4. Quali di queste formule sono tautologie?

   a) $(P \to Q) \to P$

   b) $P \to (Q \to P)$

   c) $(P \to Q) \to (\neg P \to \neg Q)$

   d) $\neg(\neg(\neg(\neg P \vee P) \vee P) \vee P) \vee P$

   e) $(P \to Q) \vee (Q \to P)$

   f) $(P \to (Q \vee R)) \to ((P \to Q) \vee (P \to R))$

   g) $((\neg Q \to \neg R) \vee P) \to \neg((P \wedge Q) \to R)$.

5. Quali di queste affermazioni sono vere?

   a) se $A \vee B$ è una tautologia allora almeno una delle due tra A e B è una tautologia;

   b) se $A \wedge B$ è una tautologia allora sia A che B sono tautologie;

   c) per ogni A, o A oppure $\neg A$ è una tautologia;

   d) per ogni A, $A \vee \neg A$ è una tautologia;

   e) per ogni A e B, almeno una tra $A \to B$ o $B \to A$ è tautologia;

   f) per ogni A e B, la formula $(A \to B) \vee (B \to A)$ è una tautologia.

6. Verifica le seguenti conseguenze logiche, in cui, per abuso di notazione, scriviamo $F \models G$ per dire che G è conseguenza di F:

   a) $P \wedge (P \to Q) \models Q$ (modus ponens)

   b) $P \wedge \neg P \models Q$ (ex falso quodlibet)

   c) $\neg A \to A \models A$ (consequentia mirabilis)

   d) $\neg\neg B \to \neg A \models (A \to \neg B)$.

7. Sono equivalenti queste coppie di formule?

   a) $A \to (B \to C)$, $(A \to C) \to B$

   b) $A \to (B \to C)$, $(A \to B) \to C$

   c) $A \to (B \vee C)$, $(A \to C) \vee (A \to B)$

   d) $A \to (B \vee C)$, $(A \to C) \vee B$

   e) $A \to (B \vee C)$, $\neg B \to (A \to C)$

   f) $(A \vee B) \to C$, $(A \to C) \vee (C \to B)$

g) $A \to \neg B$, $(B \to \neg C) \land C$

h) $A \lor \neg B$, $(B \to C) \to (\neg C \to \neg B)$.

(*Suggerimento:* ci sono 8 assegnazioni possibili per le tre variabili proposizionali; occorre verificare che ognuna di esse soddisfa la prima formula sse soddisfa la seconda)

8. Verifica il seguente *teorema della deduzione*: $A \land B \models C$ sse $A \models B \to C$.
9. Verifica il seguente caso particolare del *teorema di interpolazione di Craig*: Se $F \to G$ è una tautologia e $Var(F) \cap Var(G) = \emptyset$ allora o F è insoddisfacibile, o G è una tautologia.

9

Forme normali

9.1 Alcune equivalenze logiche

Elenchiamo alcune equivalenze logiche. La loro dimostrazione segue immediatamente dalle definizioni del capitolo precedente. Per semplicità di lettura, nello scrivere le formule aboliamo le parentesi esterne.

$$
\begin{aligned}
F \lor G &\equiv G \lor F \\
(F \lor G) \lor H &\equiv F \lor (G \lor H) \\
F \lor F &\equiv F \\
\neg\neg F &\equiv F \\
F \lor O &\equiv F \quad \text{per ogni formula insoddisfacibile } O \\
F \lor \neg O &\equiv \neg O \quad \text{per ogni formula insoddisfacibile } O \\
\neg(\neg F \lor G) \lor G &\equiv \neg(\neg G \lor F) \lor F.
\end{aligned}
$$

Esercizio 9.1. Dimostra queste 7 equivalenze. Le prime tre dicono che la disgiunzione è commutativa, associativa e idempotente. Dimostra che altrettanto vale per la congiunzione. La quarta equivalenza è nota come *legge della doppia negazione.*

Esercizio 9.2. Dimostra le seguenti due equivalenze, note come *Leggi di De Morgan* :

$$\neg(F_1 \lor \ldots \lor F_u) \equiv \neg F_1 \land \ldots \land \neg F_u$$

$$\neg(F_1 \land \ldots \land F_u) \equiv \neg F_1 \lor \ldots \lor \neg F_u.$$

Mundici D.: Logica: Metodo Breve.

Per la distributività del prodotto sulla somma, per ogni $a, \ldots, e \in \mathbb{N}$ possiamo scrivere

$$(a+b+c)\cdot(d+e) = ad + bd + cd + ae + be + ce.$$

Analogamente, abbiamo la seguente *proprietà distributiva:*

$$(F_1 \vee \ldots \vee F_u) \wedge (G_1 \vee \ldots \vee G_w) \equiv \bigvee_{i,j}(F_i \wedge G_j).$$

Mentre la somma non distribuisce sul prodotto, qui abbiamo anche

$$(F_1 \wedge \ldots \wedge F_u) \vee (G_1 \wedge \ldots \wedge G_w) \equiv \bigwedge_{i,j}(F_i \vee G_j).$$

Esercizio 9.3. Verifica queste due leggi di distributività.

9.2 Logica booleana e logica delle clausole

Teorema 9.4 (Riduzione a CNF e DNF). *Ogni formula F ha una formula equivalente in CNF (da intendersi come congiunzione di disgiunzioni di letterali) e una equivalente in DNF (ossia una disgiunzione di congiunzioni di letterali).*

Dimostrazione. Per induzione sul numero n di connettivi di F.

Passo base. $n = 0$ ossia F è una variabile X. In questo caso già $\{\{X\}\}$ è la desiderata riduzione in CNF per F: si tratta di una congiunzione contenente una sola clausola, la quale contiene la sola variabile X. Analogamente, $\{\{X\}\}$ è la DNF.

Passo induttivo. Per ipotesi induttiva abbiamo formule CNF e DNF equivalenti per ogni formula G avente $0, 1, \ldots, n$ connettivi. Dobbiamo trovare formule CNF e DNF equivalenti per ogni formula F avente $n+1$ connettivi.

Caso 1. $F = \neg G$.

Notando che G ha n connettivi e applicando a G l'ipotesi induttiva, otteniamo $G \equiv C_1 \wedge \ldots \wedge C_p$, per opportune clausole C_i. Usando la legge di De Morgan e la legge della doppia negazione possiamo scrivere

$$F = \neg G \equiv \neg(C_1 \wedge \ldots \wedge C_p) \equiv \neg C_1 \vee \ldots \vee \neg C_p \equiv K_1 \vee \ldots \vee K_p\ ,$$

ove ogni K_i è una congiunzione di letterali. Questo ci dà una formula DNF equivalente a F. Analogamente si trova una formula CNF equivalente per F, partendo da una DNF equivalente per G.

Caso 2. $F = G \wedge H$.

Allora le formule G e H hanno $\leq n$ connettivi, e possiamo applicare ad entrambe l'ipotesi induttiva, scrivendo, per cominciare, le CNF di G e di H in questo modo $G \equiv C_1 \wedge \ldots \wedge C_p$ e $H \equiv D_1 \wedge \ldots \wedge D_r$. In un attimo troviamo una CNF per F, scrivendo $F \equiv G \wedge H \equiv C_1 \wedge \ldots \wedge C_p \wedge D_1 \wedge \ldots \wedge D_r$. Un po' più complicato è trovare una DNF. Intanto, esiste una DNF per G, ossia $G \equiv K_1 \vee \ldots \vee K_q$, e una DNF per H, ossia $H \equiv E_1 \vee \ldots \vee E_s$. Ora, usando la distributività possiamo scrivere

$$F \equiv G \wedge H \equiv (K_1 \vee \ldots \vee K_q) \wedge (E_1 \vee \ldots \vee E_s) \equiv \bigvee_{i,j} (K_i \wedge E_j).$$

E quest'ultima formula è una DNF per F.

Caso 3. $F = G \vee H$.

Ragioniamo come nel Caso 2. Dalle DNF di G e H immediatamente troviamo una DNF per F. Con la distributività partendo dalle CNF per G e H troviamo una CNF per F. □

Un insieme S di formule si dice *finitamente soddisfacibile* se ogni sottinsieme *finito* di S è soddisfacibile. Il Teorema 9.4 ci permette di estendere immediatamente il Teorema 6.2 a tutta la logica booleana:

Teorema 9.5 (Teorema di compattezza, Gödel, 1930). *Sia S un insieme di formule. Se S è insoddisfacibile allora ha un sottinsieme finito insoddisfacibile. Il viceversa, come già osservato, è banale.*

Come dimostrato da Maltsev, il teorema di compattezza vale per insiemi arbitrari di formule. Seguendo Gödel, per semplicità noi lo abbiamo provato solo per insiemi numerabili.

Algebra di Boole. Un'algebra di Boole è una struttura $B = (B, 0, \neg, \vee)$ che soddisfa le prime 7 equazioni scritte all'inizio di questo capitolo, ponendo $=$ al posto di $\equiv$, e 0 al posto di O.

In ogni algebra di Boole B si definisce la costante 1 come $\neg 0$, e l'operazione $\wedge$ come $x \wedge y = \neg(\neg x \vee \neg y)$.

Le algebre di Boole hanno interessanti collegamenti con varie parti della matematica: probabilità, topologia, teoria degli insiemi. Con queste algebre si ottiene una presentazione della logica booleana in cui la sintassi e il calcolo logico hanno un ruolo molto minore che nella presentazione data in queste pagine.

Indebolendo la definizione di algebra di Boole si ottengono strutture che in certi casi sono assai profondamente collegate con altri settori della matematica, e al tempo stesso corrispondono a logiche interessanti per le applicazioni. Per esempio se dalle 7 equazioni togliamo l'equazione $F \vee F = F$, dalle restanti 6 otteniamo la definizione di MV-algebra, che è il corrispondente della logica a infiniti valori di Łukasiewicz: in questa logica una frase ripetuta due volte dà più informazione della stessa frase detta una volta sola, proprio come succede quando dovendo trasmettere informazioni in un ambiente rumoroso, ripetiamo le parole per farci capire meglio.

Esercizi

1. Dimostra le 7 equivalenze dell'inizio di questo capitolo.
2. Trova semplici DNF e CNF per le seguenti formule, spesso scritte in forma abbreviata:

    a) $(XI \vee (X \wedge (X \vee (XI \wedge (XI \vee X)))))$

    b) $((XI \vee XII) \wedge XII) \vee X$

    c) $(\neg(X \wedge (\neg X \vee (XI \wedge \neg XI))))$

    d) $\neg((X \wedge XI) \vee X)$

    e) $(((X \vee \neg XI) \wedge (\neg XI \vee XII)) \wedge ((XI \vee XII) \vee \neg X))$

    f) $((P \to Q) \to R) \to (P \to R)$

    g) $(P \vee Q) \wedge ((Q \wedge (R \vee ((R \vee S) \wedge P))) \vee R)$

    h) $P \to (Q \to (R \to (S \vee T)))$

    i) $(((A \to B) \to B) \to ((B \to A) \to A)) \to (C \vee D \vee A)$

    j) $(P \to (Q \to R)) \to ((P \wedge S) \to R)$

    k) $(A \wedge (B \vee (\neg A \wedge (\neg B \vee A)))) \vee (B \wedge (\neg A \vee (\neg B \wedge A)))$

    l) $(A \wedge (B \vee (\neg A \wedge (\neg B \vee A)))) \vee (B \wedge (\neg A \vee (\neg B \wedge (A \vee B))))$

    m) $A \vee (B \wedge (C \vee (\neg A \wedge (\neg B \vee \neg C))))$

    n) $(A \vee (\neg B \wedge (\neg C \vee (\neg A \wedge (B \vee C))))) \wedge (A \vee \neg(B \vee C)) \wedge (\neg A \vee \neg(B \vee \neg C))$

    o) $D \wedge (A \vee (\neg B \wedge (\neg C \vee (\neg A \wedge (B \vee C)))))$

    p) $(A \leftrightarrow B) \leftrightarrow (B \leftrightarrow \neg A)$.

3. Considera la seguente lista di formule, dove, come sempre, $X \to Y$ abbrevia $\neg X \vee Y$, e $X \leftrightarrow Y$ abbrevia $(X \to Y) \wedge (Y \to X)$:

    $X \leftrightarrow (Y \vee Z)$
    $(X \vee Y) \to W$
    $(Y \wedge Z) \to (X \vee \neg W)$

    $X \wedge (\neg Y \vee (Z \wedge \neg W))$

    Chiama "premesse" le tre formule scritte sopra la riga; chiama "tesi" o "conclusione" la formula scritta sotto la riga. Decidi se la tesi sia o no conseguenza logica delle premesse.

    Suggerimento: Per ogni assegnazione α che soddisfi le tre premesse (e che sia appropriata alle variabili X, Y, Z, W), dobbiamo verificare se α soddisfa anche la tesi. Ci sono 16 controlli da fare.

Il *metodo refutazionale* offre la seguente procedura alternativa: (i) metti in CNF ogni premessa P_i, $i = 1, 2, 3$, e riscrivila come insieme finito C_i di clausole; (ii) fai la stessa cosa per la negazione della tesi, ottenendo un insieme finito N di clausole; (iii) applica DPP all'insieme di clausole $C_1 \cup C_2 \cup C_3 \cup N$. Per il Lemma 8.1, la tesi è conseguenza delle premesse sse otteniamo la clausola vuota. Se non la otteniamo, applicando il model building troviamo un'assegnazione che soddisfa le premesse e la negazione della tesi.

4. Dimostra il Teorema 9.5.

5. Siano E, V, I tre variabili ove

   - $E =$ "esistono i marziani";
   - $V =$ "Alf viaggia in astronave";
   - $I =$ "Alf incontra un marziano".

   Sia F la formula $\neg E \to \neg(V \to I)$, che dice

   > *Se non esistono i marziani allora non è vero che se Alf viaggia in astronave Alf incontra un marziano.*

   Sia F' la CNF di F, scritta come insieme di clausole nelle variabili E, V, I. Scrivi le seguenti clausole:

   F'
   $\{\neg V\}$
   ―――――
   $\{E\}$

   Con il metodo refutazionale dell'Esercizio 3 verifica che la tesi è conseguenza logica delle premesse.

   La premessa F suona ragionevolmente vera: se non ci sono marziani, come può Alf incontrarne nei suoi eventuali viaggi in astronave? Però se aggiungiamo la premessa che Alf *non* viaggia in astronave, allora da queste premesse segue logicamente che i marziani esistono – il che è sorprendente. Analizza questo esempio ricordando le osservazioni introduttive fatte a pagina VII sull'uso della congiunzione "se" nel linguaggio naturale e nel linguaggio matematico.

10

Ricapitolando: espressività ed efficienza

Ricordiamo l'esempio di pagina 3, in cui abbiamo trascritto in clausole il problema se un certo grafo G avente n vertici sia k-colorabile. Abbiamo preparato $n \times k$ variabili sottintendendo che ogni variabile X_{ij} abbrevia la frase "il vertice i ha il colore j". Ogni variabile X_{ij} rappresenta anche la domanda "il vertice i ha avuto il colore j?", e serve a contenere la risposta a questa domanda, che sarà un "no" oppure un "sì".

La frase "ogni vertice ha almeno un colore" è resa dalla congiunzione di n clausole, $C_1, \ldots, C_n$, ove C_i dice "il vertice i ha almeno un colore", ossia $X_{i1} \vee \ldots \vee X_{ik}$. Analogamente, la frase "ogni vertice ha al massimo un colore" diviene la congiunzione di n formule $K_1, \ldots, K_n$, ove K_i dice "il vertice i ha al massimo un colore". In dettaglio, K_i si forma scrivendo, per ogni due colori diversi k' e k'', la formula $\neg X_{ik'} \vee \neg X_{ik''}$. Infine, per dire "ogni due vertici collegati hanno colore diverso" scriveremo per ogni arco del grafo e per ogni colore, una clausola che dice che gli estremi dell'arco non hanno entrambi quel colore.

Il risultato di questa trascrizione è una formula S che descrive completamente il problema. Per trovare una colorazione trattiamo S come un sistema di tante equazioni quante clausole, e pensiamo alle variabili come incognite a cui assegnare i valori 1 (per il "sì") oppure 0 (per il "no"). Ogni assegnazione α: {variabili} $\to \{0, 1\}$ rappresenta un tentativo (di solito non riuscito) di colorare il grafo.

Come abbiamo visto negli esercizi, molti altri problemi combinatori si possono agevolmente trascrivere come problemi di soddisfacibilità di un insieme S di clausole. La procedura di Davis-Putnam risolve ogni sistema S in un numero finito di passi. Tuttavia esistono esempi di insiemi di clausole $S_1, S_2, S_3, \ldots, S_i, \ldots$ la cui lunghezza $|S_i|$ cresce proporzionalmente a i mentre il numero di risolventi in $DPP(S_i)$ cresce esponenzialmente in i, dunque assai più velocemente di qualsiasi polinomio in i, e ben presto sfonda le capacità di memoria di ogni computer presente e futuro.

Esiste una rivoluzionaria procedura che, lavorando su qualsiasi insieme finito S di clausole, decide la soddisfacibilità di S producendo un numero di

Mundici D.: Logica: Metodo Breve.

simboli $\#(S)$ molto minore di quanto fa DPP, come ad esempio $\#(S) \leq |S|^n$ per qualche $n \in \mathbb{N}$ prefissato? Una variante di questo problema appare al primo posto nella celebre lista "Millennium Prize Problems" di 7 problemi fondamentali della matematica di questo millennio.

Parte II

Logica dei Predicati

Parte II

Logica dei Predicati

11

I quantificatori “esiste” e “per ogni”

11.1 Introduzione

Le nozioni fondamentali di numero naturale, zero, successore sono abbastanza chiare a tutti noi. Le operazioni di somma e prodotto vengono poi definite induttivamente usando lo zero, il successore e il predicato di eguaglianza $=$. Nozioni aritmetiche più complicate come $x \leq y$, “x divide y”, “x è il minimo tra y e z”, “x è un numero primo”, sono definibili servendosi delle nozioni fondamentali. Così per esempio $x \leq y$ vuol dire che esiste z tale che $x+z=y$, in simboli, $\exists z \; x+z=y$. Analogamente “x è primo” vuol dire che $2 \leq x$ e per ogni $y \leq z$ tali che $y \cdot z = x$ segue che $y = 1$ e $z = x$, in simboli,

$$s(s(0)) \leq x \;\wedge\; \forall y \forall z \;\; [(y \leq z \wedge y \cdot z = x) \rightarrow (y = s(0) \wedge z = x)]$$

ove s designa la funzione successore. In tutte queste espressioni le variabili riacquistano il loro uso familiare, come nei sistemi di equazioni; ma ora sulle variabili agiscono i quantificatori $\exists$ e $\forall$, ben di più che nelle equazioni.

Consideriamo questa congettura, detta dei *primi gemelli*:

Per ogni x esiste un primo $y \geq x$ tale che $y+2$ è primo.

Sarà vera, sarà falsa?

Per problemi come la colorabilità di un grafo abbiamo usato una trascrizione in un semplice linguaggio logico, ottenendo un sistema di equazioni con incognite binarie; poi abbiamo sviluppato un calcolo logico (DPP) che decide se un tale sistema ha soluzione. Il calcolo procede ricavando varie conseguenze dai dati, o “assiomi”, che definiscono il problema. Il passaggio dal problema alla sua formalizzazione va fatto con grande meticolosità, perché il meccanismo inferenziale sa solo lavorare sui simboli. Se omettiamo un dato, o inseriamo un dato non corrispondente alla realtà del problema, il meccanismo inferenziale lavora su un problema diverso da quello che volevamo.

Come pensava Pitagora, i numeri naturali sono un’infinità piena di mistero. Per la loro contemplazione attiva occorre un apparato simbolico più ricco

Mundici D.: Logica: Metodo Breve.

di quello booleano. I connettivi $\neg$, $\vee$, $\wedge$ ora collegano frasi più complesse, aventi la struttura naturale di soggetto/predicato. Certi predicati hanno due, o più posti. Ad esempio, il predicato “essere minore di” ha due posti: quando diciamo “x è minore di y” x è il soggetto e y è un complemento. C'è bisogno di simboli per “costanti” come lo zero, che fanno pensare ai “nomi propri”, e di simboli per “variabili”, quando dobbiamo fare quantificazioni, ad esempio quando diciamo “per ogni x esiste un y”, oppure quando scriviamo un'identità. Appaiono infine simboli per funzioni come il successore, la somma e il prodotto.

E così, per affrontare il problema dei primi gemelli, seguendo Dedekind e Peano elenchiamo le prime proprietà dello zero, del successore, dell'addizione e della moltiplicazione; in altre parole, scriviamo assiomi per $\mathbb{N}$ e le sue operazioni principali:

$$\begin{cases} \forall x \;\; 0 \neq s(x) & \text{zero non è il successore di nessun numero} \\ \forall x \forall y \;\; x \neq y \rightarrow s(x) \neq s(y) & \text{numeri diversi hanno successori diversi} \\ \forall x \;\; x + 0 = x & \text{lo zero è elemento neutro per la somma} \\ \forall x \forall y \;\; x + s(y) = s(x + y) & \text{proprietà induttiva della somma} \\ \forall x \;\; x \cdot 0 = 0 & \text{proprietà di annullamento del prodotto} \\ \forall x \forall y \;\; x \cdot s(y) = x \cdot y + x & \text{proprietà induttiva del prodotto} \end{cases}$$

A differenza del problema di colorazione, qui nessuno ci dice “basta così, gli assiomi sono sufficienti per risolvere il problema”. A un certo punto potremmo persino trovarci a corto di idee e non sapere più a che assioma votarci. La logica non ci insegna a trovare gli assiomi giusti, nemmeno per i numeri naturali.

Sta di fatto che utilizzando un elenco di assiomi $\mathcal{A}$ poco più ricco di questo, Euclide riuscì a dimostrare che “per ogni x esiste un primo y maggiore di x”. Questo teorema: (i) non è così evidente come gli assiomi di $\mathcal{A}$, ma è altrettanto vero, (ii) ha un ruolo fondamentale in matematica e, incidentalmente, (iii) è una condizione necessaria per avere un'infinità di primi gemelli.

Per la dimostrazione usiamo il *metodo refutazionale*, ragionando per assurdo. Prendiamo dunque la negazione N di ciò che vogliamo dimostrare, “esiste un x tale che ogni y maggiore di x non è primo”. Operando su $\mathcal{A}$ ed N con una variante di DPP che studieremo nelle pagine seguenti, otteniamo la clausola vuota.

Tutti i teoremi si dimostrano con questo metodo, o con metodi equivalenti, cioè in grado di provare gli stessi teoremi. La matematica è dunque l'arte di (a) trovare gli assiomi e le definizioni più aderenti alla realtà dei concetti che ci interessa studiare, (b) derivare da questi assiomi e definizioni risultati sempre più profondi, allontanandosi dall'evidenza ma mantenendo inalterata la veridicità, e se possibile, (c) collegare questi risultati con risultati ottenuti partendo da altri assiomi e definizioni, così mostrando che l'attività di tipo (a) non è una ginnastica gratuita.

Il fatto che per le attività di tipo (b)-(c) non esistano metodi più potenti di quelli in uso già nel mondo classico è una delle conseguenze del teorema più importante di questo manuale, il teorema di completezza di Gödel, di cui daremo una dimostrazione nel Capitolo 16.11.

Ipotesi di lavoro. Un marziano annuncia che da $\mathcal{A}$ segue che ci sono primi gemelli arbitrariamente grandi.

Per quanto geniale sia il marziano, forti del teorema di completezza noi sappiamo che la soluzione marziana al problema dei primi gemelli sarà comunque alla portata del calcolo terra terra che studieremo nei capitoli seguenti.

Esercizi

Seguendo Frege, per formalizzare la frase "ogni uomo è mortale" prepariamo due simboli di predicato M e U, ove Mx dice "x è mortale" e Uy dice "y è un uomo". Poi scriveremo $\forall x(Ux \to Mx)$, ossia $\forall x(\neg Ux \vee Mx)$. Per formalizzare "qualche uomo è immortale" scriveremo $\exists x(Ux \wedge \neg Mx)$.

1. Sia Rx "x è una nuotatrice" e Ey "y è elegante". Formalizza ciascuna delle seguenti frasi:
   a) ogni nuotatrice è elegante;
   b) qualche nuotatrice è elegante;
   c) non ogni nuotatrice è elegante;
   d) qualche nuotatrice non è elegante.

2. Sia Axy "x ammira y". Trascrivi le seguenti frasi nell'usuale simbolismo logico:
   a) ognuno ammira qualcuno;
   b) c'è qualcuno che ammira tutti;
   c) c'è qualcuno che è ammirato da tutti;
   d) nessuno è ammirato da tutti;
   e) c'è qualcuno che non ammira nessuno.

3. Formalizza queste frasi:
   a) cane non morde cane;
   b) Aldo non concede nulla a nessuno;
   c) figlio di capotribù nasce dipinto;
   d) Giovanna non vota per nessun razzista;
   e) ogni rapace veglia;
   f) nessun pigro scopre mondi nuovi;
   g) qualche pescatore non si vanta;

h) un guaritore non è necessariamente onesto per il fatto che tutti lo venerano;
i) chi dorme non piglia pesci;
j) Figaro rade tutti coloro che non si radono da soli;
k) ogni barbiere rade solo chi non si rade da sè.

Alcune soluzioni: $\neg\exists x(Px \wedge Sx)$ oppure $\forall x(\neg Px \vee \neg Sx)$, $\forall x \forall y(\neg Cx \vee \neg Cy \vee \neg Mxy)$, $\forall y \neg Cgy$, $\forall z(Tz \to Df(z))$, $\forall w(Rw \to \neg Vgw)$, $\exists t(Pt \wedge \neg Vtt)$, $\exists z(Gz \wedge \neg Oz \wedge \forall y Vyz)$, oppure $\exists z \forall y(Vyz \wedge Gz \wedge \neg Oz)$, $\forall z(Dz \to \neg Pz)$, $\forall z \forall w(Bz \wedge \neg Rww \to Rzw)$

4. Formalizza:
   a) ogni due rette ortogonali hanno un punto in comune, (cioè un punto che giace su entrambe le rette);
   b) se due rette sono parellele, allora non hanno nessun punto in comune;
   c) per ogni punto esterno ad una retta, passa una parallela a quella retta.

   Soluzioni: $\forall x \forall y(Rx \wedge Ry \wedge Oxy \to \exists z(Pz \wedge Gzx \wedge Gzy))$, $\forall x \forall y(Rx \wedge Ry \wedge Qxy \to \neg\exists z(Pz \wedge Gzx \wedge Gzy))$, $\forall x \forall y(Px \wedge Ry \wedge \neg Gxy \to \exists z(Rz \wedge Qzy \wedge Gxz))$

5. Sia
   - Sx "x è uno scozzese";
   - Fy "y è un tipo di formaggio";
   - Bz "z è un tipo di birra";
   - Lxy "ad x piace y".

   Supponiamo poi che c stia per Carlo e d per Donatella. Formalizza ciascuna delle seguenti frasi:

   a) a Donatella piacciono tutti i tipi di formaggio;
   b) ad alcuni scozzesi piacciono tutti i tipi di formaggio;
   c) a Donatella piacciono alcuni tipi di formaggio;
   d) a tutti gli scozzesi piace almeno un tipo di formaggio;
   e) c'è un tipo di formaggio che piace a tutti gli scozzesi;
   f) a Carlo non piace alcun tipo di formaggio;
   g) a tutti gli scozzesi non piace alcun tipo di formaggio;
   h) a tutti gli scozzesi piace qualche tipo di formaggio e qualche tipo di birra;
   i) a tutti gli scozzesi a cui piace un qualche tipo di formaggio, piace anche qualche tipo di birra.

6. La negazione di ciascuna di queste frasi può essere espressa da una frase che comincia con un quantificatore. Trova tali negazioni:

   a) ogni tifoso della *SPAL* è entusiasta;
   b) qualche commercialista è povero;
   c) qualche illetterato ammira ogni letterato;
   d) ogni illetterato ammira qualche letterato;
   e) per ogni x c'è un $y > x$;
   f) per ogni x c'è un y tale che per ogni $z > y$, $f(z) > x$.

7. Nota l'ambiguità della frase "Figaro non prende sul serio chiunque gli promette rapidi quadagni ." Essa può stare per "chiunque promette rapidi guadagni a Figaro non viene preso sul serio da Figaro", oppure "non tutti coloro che promettono rapidi guadagni a Figaro vengono presi sul serio da Figaro". Formalizza entrambe le frasi.

12

Sintassi della logica dei predicati

12.1 Gli elementi della sintassi

Come già fatto per la logica proposizionale, predisponiamo ora il materiale necessario per scrivere le espressioni su cui agirà il calcolo logico. In una prima fase lavoreremo solo con formule simili alle clausole della logica proposizionale, poi estenderemo il calcolo a tutte le formule.

Definizione 12.1. Il nostro *alfabeto* per la logica dei predicati è il seguente insieme finito Σ di simboli:

- Connettivi: $\neg, \vee, \wedge, \rightarrow$
- Quantificatori (universale e esistenziale): $\forall, \exists$
- Variabili: $x, y, z, \ldots$
- Simboli di costante: $a, b, c, \ldots$
- Simboli di predicato (o relazione): $P, Q, R, A, B, \ldots$
- Simboli di funzione: $f, g, h, \ldots$
- Parentesi, virgola (per facilitare la lettura).

Strettamente parlando, la finitezza di Σ ci imporrebbe di scrivere pedantemente $c, c|, c||, \ldots$ invece che $a, b, c, \ldots$. Analogamente per le variabili, predicati e funzioni. Dunque ufficialmente

$$\Sigma = \{\neg, \vee, \wedge, \forall, \exists, x, c, P, f, |,), (, ,\}.$$

Ma in queste pagine la leggibilità è più importante della frugalità sintattica, o dell'analogia tra alfabeti e tastiere di computer. E così, ad esempio, scriveremo x_5 (o meglio ancora, y) invece di $x|||||$, e lo considereremo un unico simbolo.

Per evitare altre pedanterie, diremo "predicato, funzione, costante" invece di "simbolo di predicato, simbolo di funzione, simbolo di costante". Dal contesto sarà chiaro che ogni predicato ha un ben preciso numero di posti, e così pure ogni funzione.

Mundici D.: Logica: Metodo Breve.

Definizione 12.2. Un *termine* è una *stringa su Σ*, ossia una successione finita di simboli dell'alfabeto Σ, data da questa definizione induttiva:

- ogni costante è un termine;
- ogni variabile è un termine;
- se f è una funzione a n posti e $t_1, \ldots, t_n$ sono termini, allora $f(t_1, \ldots, t_n)$ è un termine.

Esercizio 12.3. Dai una definizione di "termine" come quella a suo tempo data per le formule booleane, usando un'opportuna nozione di "certificato". Costruisci alcuni termini e il loro albero di parsing, per analogia con l'albero di parsing delle formule booleane. Enuncia un teorema di "unica leggibilità dei termini, analogo al Teorema 7.3.

Esercizio 12.4. Scrivi l'albero di parsing del termine

$$h(f(g(x, z, f(y, x)), g(f(c, c), h(z), y))).$$

12.2 Formalizzazione in clausole

Definizione 12.5.

- una *formula atomica* A è una stringa su Σ della forma $Pt_1 \cdots t_m$, ove P è un predicato a m posti, e $t_1, \ldots, t_m$ sono termini;
- per *letterale* L intendiamo o una formula atomica A, o una formula atomica preceduta da negazione, $\neg A$;
- una *clausola* è una disgiunzione di letterali, $L_1 \vee \ldots \vee L_u$.

Quando un termine, un letterale, o una clausola non contiene variabili, si dice che è *ground.*

Esempio 12.6. Molte frasi degli esercizi del capitolo precedente erano affermazioni universali, ossia iniziavano con "ogni" o con "tutti". Queste affermazioni si possono facilmente trascrivere in clausole. Prendiamo ad esempio la celebre frase "ogni uomo è mortale". Seguendo Frege, e discostandoci dal linguaggio naturale, *prepariamo una variabile* x, e pensiamo che essa possa variare su tutte le possibili "cose" o "enti" o "esseri" che ci sono nell'universo, compresi gli enti mitologici e quelli che nascono nella mente degli artisti e dei matematici. Prepariamo anche un (simbolo di) predicato U, in modo che Ux abbrevi la frase "x è un uomo". Analogamente prepariamo un predicato M in modo che Mx stia per "x è mortale". Allora:

"ogni uomo è mortale" inizialmente si trascrive $\forall x(Ux \to Mx)$

(leggi: "per ogni essere x, se x è uomo allora x è mortale"). Trattando il "se" come abbiamo fatto nella logica proposizionale, questa frase è equivalente a "per ogni essere x, o x non è uomo oppure x è mortale", che si trascrive come $\forall x(\neg Ux \vee Mx)$. Ora omettiamo il quantificatore universale $\forall$. E allora:

"ogni uomo è mortale" è formalizzato dalla clausola $\neg Ux \vee Mx$

Allo stesso modo, la frase "tutti i predatori lenti digiunano" viene prima trascritta come $\forall x((Px \wedge Lx) \to Dx)$, ossia $\forall x(\neg Px \vee \neg Lx \vee Dx)$, e abolendo il simbolo $\forall$, la frase viene formalizzata dalla clausola $\neg Px \vee \neg Lx \vee Dx$.

Finché non vi sono quantificatori esistenziali (il che garantiremo in questi primi capitoli della seconda parte del manuale) questa trascrizione funziona bene anche per frasi più complicate, come "ogni barbiere rade tutti coloro che non si radono da sé"; questa frase diviene la clausola $\neg Bx \vee Ryy \vee Rxy$ attraverso la seguente metamorfosi: $\forall x \forall y((Bx \wedge \neg Ryy) \to Rxy)$ e poi $\forall x \forall y(\neg Bx \vee \neg\neg Ryy \vee Rxy)$.

L'omissione del quantificatore universale $\forall$ in formule in cui non appare nessun quantificatore esistenziale $\exists$ è prassi costante in matematica. Basta ricordare l'identità $\sin^2 x + \cos^2 x = 1$.

Come già nel caso proposizionale, per semplificare il calcolo logico conviene scrivere ogni clausola usando la *notazione insiemistica.* Dunque non si ripeteranno letterali eguali nella stessa clausola, si scriverà la virgola al posto della disgiunzione $\vee$, si cancelleranno tutti i $\neg\neg$ e si useranno le parentesi graffe per racchiudere i letterali della clausola. Le tre clausole dell'Esempio 12.6 verranno così ulteriormente semplificate scrivendo $\{\neg Ux, Mx\}$, $\{\neg Px, \neg Lx, Dx\}$, e $\{\neg Bx, Ryy, Rxy\}$.

Lo scostamento del linguaggio delle clausole rispetto al linguaggio parlato è un prezzo che dobbiamo pagare per sviluppare un calcolo logico.

Usando il linguaggio delle clausole, nel Teorema 14.1 daremo una facile dimostrazione di una prima versione del teorema di completezza di Gödel. Nel Teorema 16.10 vedremo che il fatto che il nostro calcolo logico agisce su clausole non è una limitazione essenziale. Nel Teorema 16.11 estenderemo il teorema alla logica dei predicati con eguaglianza.

12.3 Sostituzione di termini al posto di variabili

Definizione 12.7. Sia data una stringa E sull'alfabeto Σ. Scrivendo

$$E(x_1, \ldots, x_n)$$

vogliamo dire che *le variabili di* E *appartengono all'insieme* $\{x_1, \ldots, x_n\}$. Se ora ci viene data una n-pla di termini $\mathbf{t} = (t_1, \ldots, t_n)$, tutti sappiamo *sostituire in* E *ogni variabile* x_i *con il corrispondente termine* t_i. La nuova stringa così ottenuta viene denotata $E(\mathbf{t})$.

Esempio 12.8. Sia $E(x, y, z)$ la clausola

$$\{Pf(x)g(b, y),\ Qg(y, a),\ Pyg(z, z)\}$$

e $\mathbf{t}$ è il terzetto di termini $(f(u), g(y, z), f(f(b)))$. Allora $E(\mathbf{t})$ è la clausola

$$\{Pf(f(u))g(b, g(y, z)),\ Qg(g(y, z), a), Pg(y, z)g(f(f(b)), f(f(b)))\}.$$

Detti L_1, L_2, L_3 i letterali di E, abbiamo $E(\mathbf{t}) = \{L_1(\mathbf{t}), L_2(\mathbf{t}), L_3(\mathbf{t})\}$.

Per le sostituzioni vale una forma di *proprietà associativa*, simile a quella della composizione di funzioni $f(g(h)) = (f(g))(h)$:

Lemma 12.9. *Data la stringa* $E = E(x_1, \dots, x_n)$*, sia* $\mathbf{t} = (t_1, \dots, t_n)$ *una* n*-pla di termini, con* $t_i = t_i(y_1, \dots, y_m)$*, per ogni* $i = 1, \dots, n$*. Allora per ogni* m*-pla di termini* $\mathbf{r} = (r_1, \dots, r_m)$ *vale l'identità*

$$(E(\mathbf{t}))(\mathbf{r}) = E(\mathbf{t}(\mathbf{r})), \tag{12.1}$$

ove $\mathbf{t}(\mathbf{r})$ *è un'abbreviazione della* n*-pla di termini* $(t_1(\mathbf{r}), \dots, t_n(\mathbf{r}))$.

Dimostrazione. Per induzione sul numero $l = 1, 2, \dots$ di simboli in E, ove una variabile $x|\dots|$, come già detto, viene contata *un unico* simbolo. Se $l = 1$ e E non è un simbolo di variabile, allora E rimane invariato per qualsiasi sostituzione. Se l'unico simbolo di E è una variabile x_i, allora $(x_i(\mathbf{t}))(\mathbf{r}) = t_i(\mathbf{r}) = x_i(\mathbf{t}(\mathbf{r}))$. Per il passo induttivo, essendo $l > 1$ possiamo spezzare E in due stringhe E' ed E'' di lunghezza $< l$, in modo che ogni variabile di E passi tutta intera a E' oppure a E''. (Insomma, vogliamo evitare che lo spezzamento avvenga proprio all'interno di $x|\dots|$). Per E' ed E'' vale l'ipotesi induttiva. Scriviamo $E = E' \smile E''$ per significare che E è la concatenazione di E' ed E''. Pertanto possiamo scrivere

$$(E(\mathbf{t}))(\mathbf{r}) = ((E' \smile E'')(\mathbf{t}))(\mathbf{r}) = (E'(\mathbf{t}) \smile E''(\mathbf{t}))(\mathbf{r}) =$$

$$= (E'(\mathbf{t}))(\mathbf{r}) \smile (E''(\mathbf{t}))(\mathbf{r}) = E'(\mathbf{t}(\mathbf{r})) \smile E''(\mathbf{t}(\mathbf{r})) = (E' \smile E'')(\mathbf{t}(\mathbf{r}))$$

che coincide con $E(\mathbf{t}(\mathbf{r}))$. □

12.4 Universo di Herbrand

Definizione 12.10. Una *formula CNF* della logica predicativa è una congiunzione finita di clausole, scritta in notazione insiemistica $\{C_1, \dots, C_u\}$. Dato un insieme S (finito o infinito numerabile) di clausole, si chiama *universo di Herbrand* di S, e si denota con H_S, l'insieme dei termini ground ottenibili dalle costanti e dalle funzioni in S.

Se S non contiene costanti ne aggiungiamo una d'ufficio, ad esempio c.

Se non vi sono funzioni in S ed S è finito, allora H_S è un insieme finito. Non appena vi sia un simbolo di funzione in S, automaticamente H_S è infinito. Ad esempio, se $S = \{\{Qax, Rf(b)ba, \neg Qbf(a)\}, \{Qxy, Rabx\}\}$ allora $H_S = \{a, b, f(a), f(b), f(f(a)), f(f(b)), \ldots\}$.

Definizione 12.11. Sia $H = H_S$ l'universo di Herbrand di un insieme S di clausole. Sia K un sottinsieme di H, e $C = C(x_1, \ldots, x_n)$ una clausola di S. Allora l'*istanziazione* C/K *di* C *su* K è il seguente insieme di clausole ground:

$$C/K = \{C(\mathbf{g}) \mid \mathbf{g} = (g_1, \ldots, g_n) \in K^n\}.$$

Si definisce poi l'*istanziazione* S/K come

$$S/K = \bigcup_{C \in S} C/K. \tag{12.2}$$

Esempio 12.12. Sia S un insieme di clausole, con universo di Herbrand

$$H = \{a, b, f(a), f(b), f(f(a)), f(f(b)), \ldots\}.$$

Sia $K = \{a, b, f(a), f(b)\}$. Sia $C = \{Ax, Bf(x), \neg Ab\}$ una clausola di S. Istanziare C su K vuol dire elencare le clausole che si ottengono sostituendo la variabile x con i termini di K, in tutti i modi possibili. Tutte queste clausole saranno ground. Dunque:

- la sostituzione di x con a dà la clausola $\{Aa, Bf(a), \neg Ab\}$;
- la sostituzione di x con b dà la clausola $\{Ab, Bf(b), \neg Ab\}$;
- la sostituzione di x con $f(a)$ dà la clausola $\{Af(a), Bf(f(a)), \neg Ab\}$;
- la sostituzione di x con $f(b)$ dà la clausola $\{Af(b), Bf(f(b)), \neg Ab\}$.

12.5 Refutazione

Ogni clausola C ground è una disgiunzione di letterali $L_1, \ldots, L_t$ non contenenti variabili. A seconda del mondo possibile in cui viene interpretato, ogni letterale L_i diviene vero o falso, proprio come un letterale della logica proposizionale acquista un valore di verità da un'assegnazione. L'identificazione

formula atomica ground = variabile proposizionale

è un'idea semplice e felice della logica dei predicati. Così ad esempio, l'insieme di clausole ground

$$\{\{Qc, Paf(b), Tbg(a,c)\}, \{\neg Qc, Paf(b)\}, \{Qc, \neg Paf(b)\}, \{\neg Tbg(a,c)\}\}$$

differisce dall'insieme di clausole

$$\{\{X, XI, XII\}, \{\neg X, XI\}, \{X, \neg XI\}, \{\neg XII\}\}$$

solo nel modo in cui sono state scritte le variabili proposizionali. Identificando ogni insieme finito S di clausole ground della logica dei predicati con un insieme di clausole della logica proposizionale, la procedura DPP agisce su S esattamente come se S appartenesse alla logica proposizionale, calcolando risolventi e risolventi di risolventi.

Definizione 12.13. Diciamo che un insieme S di clausole è *refutabile* se la clausola vuota è ottenibile da qualche sottinsieme finito S' di S/H_S applicando ad S' la procedura di Davis-Putnam, o più semplicemente, refutando S' secondo la Definizione 4.3.

Esempio 12.14. Sia $S = \{\{\neg Ux, Mx\}, \{Ua\}, \{\neg Ma\}\}$ e

$$S' = S/H_S = \{\{\neg Ua, Ma\}, \{Ua\}, \{\neg Ma\}\}.$$

Allora per risoluzione delle prime due clausole di S' otteniamo $\{Ma\}$, e risolvendo questa clausola con la terza clausola di S' otteniamo la clausola vuota. Questa breve refutazione ci rassicura che, comunque S venga interpretato in un mondo possibile che dia senso ai simboli di S, in quel mondo S non può valere. Ad esempio, in un mondo in cui Ux significhi "x è ungulato," My significhi "y è mancino," e a sta per "Alf", non può essere vero che "ogni ungulato è mancino, Alf è ungulato, Alf non è mancino". E analogamente, in un altro mondo in cui Ux sta per "x è uomo", My sta per "y è mortale", e a rappresenta Aristobulo, non può essere vero che "ogni uomo è mortale, Aristobulo è uomo, Aristobulo non è mortale".

Come nel caso proposizionale, questa refutazione si rappresenta economicamente con un grafo; l'unica differenza è che ora dobbiamo anche dire quali istanziazioni ci servono per trasformare le clausole in clausole ground:

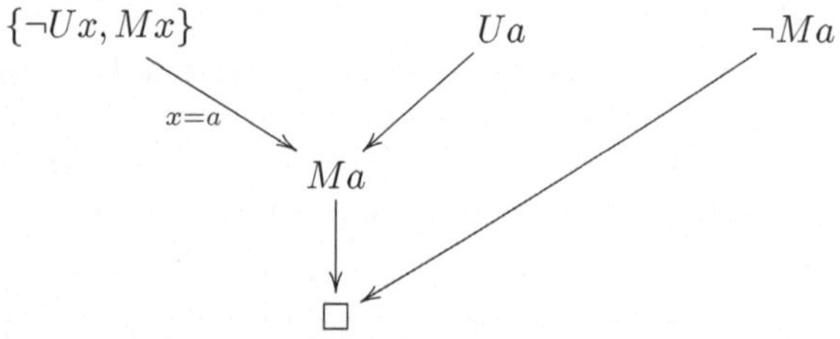

Per secoli la logica finiva essenzialmente qui: oggi la logica comincia con l'approfondimento della relazione tra la non refutabilità di un insieme S di clausole, e l'esistenza di "mondi possibili", chiamati "modelli", in cui S valga.

Esercizi

1. Siano $E = E(x, y, z)$ e $\mathbf{t} = \mathbf{t}(u, y, z)$ come nell'Esempio 12.8. Sia $\mathbf{r}$ il terzetto di termini $(g(z, a), c, f(g(x, v)))$. Verifica che

$$(E(\mathbf{t}))(\mathbf{r}) = E(\mathbf{t}(\mathbf{r})).$$

2. Verifica che se S è un insieme finito di clausole allora S/H_S è finito sse S non contiene simboli di funzione.

3. Sia C la clausola $\{Px, Qay, Rzbx\}$. Quante clausole ci sono in C/H_C?

4. Per ogni insieme S di clausole e sottinsiemi $K_1 \subseteq K_2 \subseteq \ldots$ di H_S verifica che

$$\bigcup \frac{S}{K_i} = \frac{S}{\bigcup K_i}.$$

5. Data la clausola $\{Px, \neg Pf(a, y)\}$ elenca quattro elementi del suo universo di Herbrand e istanzia la clausola su questi elementi in tutti i modi possibili.

6. Dato l'insieme di clausole $S = \{\{\neg Ux, Mx\}, \{Ma\}, \{\neg Ua\}\}$, istanzialo sul suo universo di Herbrand e verifica che S/H non è refutabile. *(Se ogni uomo è mortale e Aristarco è mortale, perché mai Aristarco dovrebbe essere un uomo? non potrebbe essere un cane?)*

7. Trova una refutazione dell'insieme di clausole

$$S = \{\{\neg Fx, Px\}, \{\neg Cy, \neg Py\}, \{Fa\}, \{Ca\}\}$$

istanziando S sul suo universo di Herbrand H, e poi refutando (graficamente) l'insieme di clausole ground S/H intese come clausole della logica proposizionale.

13

Significato delle clausole

13.1 La semantica di Tarski: tipi e modelli

La scoperta di una geometria non euclidea pose fine alla millenaria ricerca di una refutazione dell'insieme di affermazioni ottenuto aggiungendo agli altri assiomi euclidei la negazione del Quinto Postulato (delle parallele). Questo è un esempio importante di un fatto generale: se esiste un mondo possibile in cui un insieme di affermazioni vale, allora non esiste una refutazione di tale insieme. Il viceversa è un risultato fondamentale della logica, il teorema di completezza di Gödel, per la cui dimostrazione non possiamo accontentarci di una intuizione generica, ma dobbiamo imparare a lavorare con alcuni concetti fondamentali, che verranno definiti in questo capitolo.

Per cominciare, la nozione intuitiva di "mondo possibile" viene resa dalla seguente:

Definizione 13.1. Un *tipo* τ è un insieme di simboli di costante, relazione e funzione. Un *modello* $\mathcal{M}$ *di tipo* τ è una coppia $(M,^*)$ ove M è un insieme non vuoto, chiamato *l'universo* di $\mathcal{M}$, e * è una funzione il cui dominio contiene τ, con le seguenti proprietà:

1. Per ogni simbolo di costante $c \in \tau$, c^* è un elemento di M.
2. Per ogni simbolo di funzione $f \in \tau$ a n posti, f^* è una funzione n-aria da M^n a M, $f^*: M^n \to M$.
3. Per ogni simbolo di relazione $R \in \tau$ a m posti, R^* è una relazione m-aria in M, $R^* \subseteq M^m$.

Sia S una formula CNF. Allora il *tipo* di S è l'insieme dei simboli di costante, funzione e relazione in S. Un modello $\mathcal{M}$ è *appropriato* a S se il suo tipo τ contiene il tipo di S. Analogamente si definisce il tipo di un termine t e il fatto che $\mathcal{M}$ sia appropriato a t.

Notazioni e ipotesi tacite. Da adesso in poi, tutti i modelli saranno tacitamente appropriati alle clausole, ai termini e ai letterali a cui verranno riferiti. Come

Mundici D.: Logica: Metodo Breve.

già abbiamo fatto nella Definizione 12.7 e nel Lemma 12.9, per ogni termine t scriviamo $t(x_1, \ldots, x_n)$ per dire che le variabili in t appartengono all'insieme $\{x_1, \ldots, x_n\}$. Lo stesso significato hanno $L(x_1, \ldots, x_n)$ oppure $C(x_1, \ldots, x_n)$, quando L è un letterale e C è una clausola. Scriveremo $\mathbf{x}$ come abbreviazione della n-pla $(x_1, \ldots, x_n)$. Non useremo il connettivo di implicazione e il quantificatore esistenziale fino al Capitolo 16.

Definizione 13.2. Siano dati un termine $t = t(x_1, \ldots, x_n)$, un modello $\mathcal{M} = (M,^*)$ e una n-pla $\mathbf{m} = (m_1, \ldots, m_n) \in M^n$. Per induzione sul numero di simboli di funzione occorrenti in t, definiamo l'elemento $t^{\mathcal{M}}[\mathbf{m}]$ di M come segue:

$$a^{\mathcal{M}}[\mathbf{m}] = a^*, \text{ per ogni simbolo di constante } a \tag{13.1}$$

($\mathbf{m}$ evidentemente non ha alcun ruolo);

$$x_i^{\mathcal{M}}[\mathbf{m}] = m_i \ ; \tag{13.2}$$

e per ogni simbolo di funzione k-aria f e k-pla $(t_1, \ldots, t_k)$ di termini,

$$(f(t_1, \ldots, t_k))^{\mathcal{M}}[\mathbf{m}] = f^*(t_1^{\mathcal{M}}[\mathbf{m}], \ldots, t_k^{\mathcal{M}}[\mathbf{m}]). \tag{13.3}$$

Data una p-pla di termini $\mathbf{r} = (r_1(x_1, \ldots, x_n), \ldots, r_p(x_1, \ldots, x_n))$ si definisce analogamente $\mathbf{r}^{\mathcal{M}}[\mathbf{m}] = (r_1^{\mathcal{M}}[\mathbf{m}], \ldots, r_p^{\mathcal{M}}[\mathbf{m}])$.

Dunque per dare significato a un termine $t = t(x_1, \ldots, x_n)$ in un modello $\mathcal{M}$ abbiamo dovuto accompagnare $\mathcal{M}$ con una n-pla di elementi $m_1, \ldots, m_n$ del suo universo. Per come abbiamo definito $t(x_1, \ldots, x_n)$, non è detto che ogni variabile x_i occorra in t. In realtà basta accompagnare $\mathcal{M}$ con tanti elementi quante sono le variabili che occorrono effettivamente in t. In particolare quando t è ground, possiamo accompagnare $\mathcal{M}$ con la 0-pla vuota $\emptyset$, *che naturalmente non scriveremo.* In questo caso la definizione (13.3) prende la forma semplificata

$$(f(t_1, \ldots, t_k))^{\mathcal{M}} = f^*(t_1^{\mathcal{M}}, \ldots, t_k^{\mathcal{M}}). \tag{13.4}$$

Per ogni p-pla $\mathbf{s} = (s_1, \ldots, s_p)$ di termini ground useremo la notazione

$$\mathbf{s}^{\mathcal{M}} = (s_1^{\mathcal{M}}, \ldots, s_p^{\mathcal{M}}). \tag{13.5}$$

Esempio 13.3. Sia $\tau = \{c, s, f, g\}$, e sia $\mathcal{M}$ il modello di tipo τ il cui universo è l'insieme $\mathbb{N} = \{0, 1, 2, \ldots\}$ dei numeri naturali, e in cui c^*, s^*, f^*, g^* sono rispettivamente lo zero, il successore, la somma e il prodotto. Sia t il termine dato da $f(g(c, s(x)), f(x, y))$. Allora $t^{\mathcal{M}}[(3,7)] = (0 \cdot (3+1)) + (3+7) = 10$.

Esercizio 13.4. Fermo restando lo stesso termine $t(x, y)$ dell'esempio precedente, costruisci un modello $\mathcal{Q} = (\mathbb{Q},^\natural)$ di tipo τ avente per universo i numeri razionali e in cui $c^\natural, s^\natural, f^\natural, g^\natural$ sono definiti in modo che $t^{\mathcal{Q}}[(1,0)] = -1$.

Vi è una relazione degna di nota tra la sostituzione (un'operazione puramente sintattica che trasforma espressioni in espressioni) e l'operazione $g \mapsto g^{\mathcal{M}}$ (che trasforma il termine ground g in un elemento dell'universo del modello $\mathcal{M}$):

Lemma 13.5. *Sia* $\mathbf{t} = (t_1(x_1, \ldots, x_n), \ldots, t_p(x_1, \ldots, x_n))$, *e*

$$\mathbf{g} = (g_1, \ldots, g_n),$$

ove ogni g_i *è un termine ground. Allora* $(\mathbf{t}(\mathbf{g}))^{\mathcal{M}} = \mathbf{t}^{\mathcal{M}}[\mathbf{g}^{\mathcal{M}}]$.

Dimostrazione. Per induzione sul numero l di simboli in $\mathbf{t}$. Se $l = 1$, $\mathbf{t}$ è una costante c o una variabile x_i. Se $t = c$ allora $(c(\mathbf{g}))^{\mathcal{M}} = c^{\mathcal{M}} = c^* = c^{\mathcal{M}}[\mathbf{g}^{\mathcal{M}}]$. Se $t = x_i$ abbiamo $(x_i(\mathbf{g}))^{\mathcal{M}} = g_i^{\mathcal{M}} = x_i^{\mathcal{M}}[\mathbf{g}^{\mathcal{M}}]$. Per il passo induttivo, supponiamo $p = 1$ per semplicità di notazione. Allora $\mathbf{t}$ è della forma $f(\mathbf{h}) = f(h_1, \ldots, h_q)$, ove ogni h_i è un termine nelle variabili $x_1, \ldots, x_n$, per cui vale l'ipotesi induttiva. Utilizzando il Lemma 12.9 e le definizioni (13.3)-(13.4) possiamo dunque scrivere

$$\begin{aligned}(t(\mathbf{g}))^{\mathcal{M}} &= ((f(\mathbf{h}))(\mathbf{g}))^{\mathcal{M}} = (f(\mathbf{h}(\mathbf{g})))^{\mathcal{M}} = f^*((\mathbf{h}(\mathbf{g}))^{\mathcal{M}}) = \\ &= f^*(\mathbf{h}^{\mathcal{M}}[\mathbf{g}^{\mathcal{M}}]) = (f(\mathbf{h}))^{\mathcal{M}}[\mathbf{g}^{\mathcal{M}}] = t^{\mathcal{M}}[\mathbf{g}^{\mathcal{M}}].\end{aligned}$$

□

13.2 La semantica di Tarski per le clausole: $\mathcal{M} \models S$

Dato un insieme di clausole S di tipo τ e un modello $\mathcal{M} = (M, ^*)$ siamo finalmente in grado di dare significato a "$\mathcal{M}$ soddisfa S", in simboli, $\mathcal{M} \models S$.

Definizione 13.6. Supponiamo che $\mathcal{M}$ sia appropriato a un insieme di clausole S, che $P \in \tau$ sia un simbolo di relazione k-aria. Poi poniamo $\mathbf{t} = (t_1(\mathbf{x}), \ldots, t_k(\mathbf{x}))$ ove $\mathbf{x} = (x_1, \ldots, x_n)$, e supponiamo che $\mathbf{m} = (m_1, \ldots, m_n)$ sia una n-pla di elementi di M. Allora definiamo $\mathcal{M} \models S$ induttivamente come segue:

$$\begin{aligned}\mathcal{M}, \mathbf{m} &\models P\mathbf{t} \quad \text{significa} \quad \mathbf{t}^{\mathcal{M}}[\mathbf{m}] \in P^*; \\ \mathcal{M}, \mathbf{m} &\models \neg P\mathbf{t} \quad \text{significa} \quad \mathbf{t}^{\mathcal{M}}[\mathbf{m}] \notin P^*.\end{aligned} \tag{13.6}$$

Per ogni clausola $C \in S$, ove $C = C(x_1, \ldots, x_n)$, scriviamo

$$\mathcal{M}, \mathbf{m} \models C \text{ sse per qualche letterale } L \in C, \ \mathcal{M}, \mathbf{m} \models L$$

e

$$\mathcal{M} \models C \text{ sse per ogni } \mathbf{m} = (m_1, \ldots, m_n) \in M^n, \ \mathcal{M}, \mathbf{m} \models C.$$

Infine $\mathcal{M} \models S$ significa che $\mathcal{M} \models C$ per ogni $C \in S$. In altre parole,

$$\text{per ogni } C = C(\mathbf{x}) \in S \text{ e } \mathbf{m} \in M^n \ \ \mathcal{M}, \mathbf{m} \models L \text{ per qualche } L \in C. \tag{13.7}$$

Questa definizione esprime rigorosamente la seguente intuizione imprecisa:

> $\mathcal{M} \models S$ vuol dire che *ogni clausola C di S diviene vera se viene letta in riferimento alle costanti, relazioni, funzioni di $\mathcal{M}$, facendo variare ogni variabile di C su tutto l'universo di $\mathcal{M}$.*

Il fatto che $\mathcal{M}, m_1, \ldots, m_n$ soddisfi o no C dipende solo dagli $m_i \in M$ corrispondenti alle variabili in C. Perciò, quando $\mathbf{t} = (t_1, \ldots, t_n)$ e ogni termine t_i è ground scriveremo $\mathcal{M} \models P\mathbf{t}$ invece di $\mathcal{M}, \emptyset \models P\mathbf{t}$. Ricordando la definizione (13.5), possiamo scrivere

$$\mathcal{M} \models P\mathbf{t} \quad \text{significa} \quad \mathbf{t}^{\mathcal{M}} \in P^* \qquad \text{(quando } \mathbf{t} \text{ è ground).} \tag{13.8}$$

Definizione 13.7. Un insieme di clausole S si dice *soddisfacibile* se esiste un modello che lo soddisfa. Altrimenti S è detto *insoddisfacibile.* Una clausola C è *conseguenza* di S se ogni modello $\mathcal{M}$ che soddisfa S soddisfa anche C (s'intende che $\mathcal{M}$ deve essere appropriato a S e a C).

Esercizio 13.8. Verifica che l'insieme di clausole

$$S = \{\{Eaf(b)\}, \{\neg Eba\}, \{Ef(x)a, \neg Eaf(x)\}\}$$

è soddisfatto dal modello $\mathcal{N} = (\mathbb{N}, ^*)$ ove $a^* = 1, b^* = 0, f^*(n) = n+1$, e E^* è la relazione di eguaglianza su $\mathbb{N}$. Trova un altro modello, meglio se con pochi elementi.

Esercizio 13.9. Verifica la soddisfacibilità di ciascuno dei seguenti insiemi di clausole:

(i) $\{\{Pa\}, \{Pg(g(a))\}, \{Pg(x), \neg Px\}\}$;

(ii) $\{\{Px, Qx\}, \{\neg Px, \neg Qx\}, \{Qa\}, \{\neg Qb\}\}$;

(iii) $\{\{Nx\}, \{\neg Nx, Nf(x)\}, \{\neg Nf(x), Nx\}\}$.

13.3 Istanziazione, risoluzione e loro correttezza

La dimostrazione del Lemma 3.6 che sancisce la correttezza della regola di risoluzione nella logica proposizionale garantisce immediatamente la correttezza della risoluzione nella logica dei predicati:

Corollario 13.10 (Correttezza della risoluzione ground). *Sia R un insieme finito di clausole ground, e sia $DPP(R)$ l'insieme delle clausole ottenibili da R con DPP. Allora ogni clausola $C \in DPP(R)$ è conseguenza logica di R. In altre parole, se un modello $\mathcal{M}$ soddisfa R allora $\mathcal{M}$ soddisfa anche C.*

Il prossimo risultato ci conferma l'intuizione che se una clausola ground G è ottenuta per istanziazione da una clausola C, allora G è conseguenza logica di C. L'intuizione corrisponde al fatto che le variabili di C sono tacitamente quantificate dal quantificatore universale $\forall$.

La dimostrazione è un banco di prova per rafforzare la nostra comprensione delle definizioni e dei risultati precedenti:

Proposizione 13.11 (Correttezza dell'istanziazione ground). *Sia $C = C(x_1, \ldots, x_n)$ una clausola e sia $\mathbf{g} = (g_1, \ldots, g_n)$ una n-pla di termini ground. Se $\mathcal{M} \models C$ allora $\mathcal{M} \models C(\mathbf{g})$ (sempre supponendo che il modello $\mathcal{M} = (M, *)$ sia appropriato a entrambe le clausole).*

Dimostrazione. Scrivendo la clausola C come $C = \{L_1, \ldots, L_u\}$ abbiamo $C(\mathbf{g}) = \{L_1(\mathbf{g}), \ldots, L_u(\mathbf{g})\}$. Ricordando la definizione (13.7), l'ipotesi $\mathcal{M} \models C$ significa che per ogni $\mathbf{m} \in M^n$ esiste un letterale in C soddisfatto da $\mathcal{M}, \mathbf{m}$. In particolare, $\mathcal{M}, \mathbf{g}^{\mathcal{M}} \models L$ per qualche $L \in C$. Supponiamo $L = P\mathbf{t}$, ove P è una relazione k-aria e $\mathbf{t}$ è una k-upla di termini. Dunque $\mathcal{M}, \mathbf{g}^{\mathcal{M}} \models P\mathbf{t}$. Per la definizione (13.6), $\mathbf{t}^{\mathcal{M}}[\mathbf{g}^{\mathcal{M}}] \in P^*$. Per il Lemma 13.5, $(\mathbf{t}(\mathbf{g}))^{\mathcal{M}} \in P^*$. Siccome ogni termine della k-pla $\mathbf{t}(\mathbf{g})$ è ground, per (13.8) possiamo scrivere $\mathcal{M} \models P(\mathbf{t}(\mathbf{g}))$, ossia (Lemma 12.9), $\mathcal{M} \models (P\mathbf{t})(\mathbf{g})$. In altre parole, $\mathcal{M} \models L(\mathbf{g})$ e dunque $\mathcal{M} \models C(\mathbf{g})$ come volevamo. Il caso $L = \neg P\mathbf{t}$ si tratta allo stesso modo. □

Ricordando (12.2) da questa proposizione otteniamo immediatamente:

Corollario 13.12. *Sia S un insieme di clausole, con il suo universo di Herbrand H. Se $\mathcal{M} \models S$ allora $\mathcal{M} \models S/H$.*

Esercizi

In ciascuno dei seguenti esercizi verifica che la tesi *non* è conseguenza logica delle premesse, trascrivendo in clausole le premesse (che stanno sopra la riga) e la negazione della tesi, e poi trovando un modello che soddisfi tutte queste clausole.

1. Ogni colombo è bipede
   Bet non è un colombo
   ___
   Bet non è bipede

   Soluzione: Le clausole $\{\neg Cx, Bx\}$, $\{\neg Cb\}$, $\{Bb\}$ formalizzano le premesse e la negazione della tesi. Sia $\mathcal{M} = (M,^*)$ ove $M = \{b^*\}$, $b^* =$ Napoleone, $C^* = \emptyset$, $B^* = M$. Allora il modello $\mathcal{M}$ soddisfa tutte queste clausole. Dunque non è vero che ogni modello (mondo possibile) che soddisfa le premesse soddisfa anche la tesi. È importante notare che nel costruire un mondo possibile per le premesse e la negazione della tesi abbiamo piena libertà di interpretare i simboli.

In particolare, ogni riferimento di "Bet" a persone realmente esistenti e aventi quel nome è puramente casuale, come nei film. Tanto è vero che il nostro modello $\mathcal{M}$ interpreta come Napoleone il simbolo di costante b (che è un'abbreviazione della stringa di simboli "Bet"). Nei vecchi testi, per spingere l'allievo a questa astrazione ed evitare ogni confusione su Bet, l'esercizio sarebbe stato dato nella seguente forma asettica:

Ogni C è B
b non è C

---

b non è B

2. Ogni infante ama la sua mamma
   Beatrice ama la sua mamma

   Beatrice è un'infante

Soluzione: Premesse: $\{\neg Ix, Axm(x)\}, \{Abm(b)\}$. Negazione della tesi: $\{\neg Ib\}$. Il modello $\mathcal{M} = (M, *)$ in cui poniamo

$$M = \{\text{Atena}\}, \ b^* = \text{Atena}, \ I^* = \emptyset, \ A^* = \{(b^*, \ b^*)\}, \ m^*(b^*) = b^*$$

soddisfa le premesse e la negazione della tesi.
Nota: per formalizzare "la mamma di ..." abbiamo usato il simbolo di funzione m. Dunque nel modello $\mathcal{M}$, m^* è una funzione, il che ci obbliga a specificare chi è la mamma di Atena, anche se Atena non è un'infante. Nel nostro modello $\mathcal{M}$, Atena è madre di se stessa. Ciò è possibile perché nessuna delle premesse stipula $m(x) \neq x$. L'omissione di questo "assioma" è semmai un problema di chi ha proposto queste clausole, non un problema nostro nel risolvere questo esercizio. Il problema di dire "tutta la verità", ad esempio sull'eguaglianza, o sui numeri naturali, si porrà più avanti.

3. Ogni combattente è mortale
   Alf è un combattente

   ---

   la mamma di Alf è mortale

Soluzione: Le premesse e la negazione della tesi vengono formalizzate dall'insieme di clausole $S = \{\{\neg Cx, Mx\}, \{Ca\}, \{\neg Mm(a)\}\}$. Tutto quello che ci è dato sapere sui combattenti, i mortali, le mamme e Alf in questo esercizio è contenuto nell'insieme S di clausole. In particolare nelle clausole di S non vengono dette alcune cose che a noi sembrano vere, come "la mamma di Alf è diversa da Alf", né viene detto che "la mamma di ogni mortale è mortale". Tutte queste ipotesi inconsce, non trascritte in S, non ci devono distrarre. Forse, con le ipotesi inconsce riusciremmo a dedurre la tesi dalle premesse, ma noi dobbiamo lavorare solo sull'insieme di simboli S, proprio come quando risolviamo sistemi di equazioni lineari senza chiederci se queste equazioni rappresentano rette oppure treni che si incrociano. Dobbiamo trovare un modello di S. Ogni lettore troverà il suo. Il modello $\mathcal{Q} = (Q,^{\ddagger})$ proposto qui è suggerito dalla mitologia greca. Poniamo $Q = \{$Achille, sua madre, la madre di sua madre, $\ldots\}$, $a^{\ddagger} =$ Achille, $C^{\ddagger} = M^{\ddagger} = \{$Achille$\}$, e $m^{\ddagger}(x) =$ la mamma di x, per ogni $x \in Q$. Il modello soddisfa S perché Achille è l'unico combattente nell'universo Q, è mortale, e la sua mamma (la ninfa Nereide) non è mortale. Dunque la tesi non è conseguenza logica delle premesse.

4. Sia $\mathcal{N} = (\mathbb{N},^{\dagger})$, ove $\mathbb{N} = \{0, 1, 2, \ldots\}$, $C^{\dagger} = M^{\dagger} = \{0\}$, $a^{\dagger} = 0$ e $m^{\dagger} =$ la funzione successore. Verifica che $\mathcal{N}$ soddisfa l'insieme S dell'Esercizio 3.

5. Cane non morde cane
   Alf morde Blick
   Blick morde Alf

   Alf non è un cane

6. $\{\neg Ix, Pbx\}$
   $\{Pab\}$

   $\{\neg Ia\}$

7. Ogni megaimbonitore promette mari e monti a tutti
   Dick promette mare e monti a tutti

   C'è qualche megaimbonitore

8. Ogni A è B
   ogni B è C
   ogni C è D

   ---

   qualche C non è B oppure qualche D non è A

9. $\{\neg Ax, Bx\}$
   $\{\neg By, Cy\}$
   $\{\neg Cz, Dz\}$

   $\{\neg Dt, At\}$

10. Dimostra la seguente affermazione:

    Sia $\mathcal{M} = (M, *)$ *un modello di tipo* τ *e sia* m *un elemento di* M*. Supponiamo che esista un termine ground* t *di tipo* τ *tale che* $t^{\mathcal{M}} = m$*. Sia* $C(x)$ *una clausola di tipo* τ *con un'unica variabile* x*. Allora* $\mathcal{M}, m \models C$ *sse* $\mathcal{M} \models C(t)$*.*

    Suggerimento: Usa l'associatività della sostituzione e il Lemma 13.5.

14

Teorema di completezza per la logica delle clausole

14.1 Introduzione

Questo teorema fondamentale mostra l'equivalenza di due proprietà a prima vista ben diverse di un insieme di clausole S:

1. la soddisfacibilità, ossia l'esistenza di un modello per S;
2. la coerenza (= irrefutabilità = consistenza) di S, ossia l'impossibilità di ottenere la clausola vuota applicando DPP a un sottinsieme finito di S/H_S.

Frege e Hilbert avevano idee contrastanti su queste due nozioni. Secondo Frege l'esistenza di un modello di S è la prova definitiva che S non può essere refutato: non ha molto senso andare a cercare altre dimostrazioni della coerenza di S. Ad esempio, dagli assiomi che parlano della proprietà commutativa e associativa dell'addizione e della moltiplicazione dei numeri naturali, e della distributività della moltiplicazione sull'addizione nessuno ricaverà mai la clausola vuota, perché tali assiomi hanno evidentemente un modello.

Invece, secondo Hilbert, la coerenza di S va provata in maniera più terra terra, più meccanica, per analogia con l'azione di DPP su S nella logica proposizionale, non tenendo conto della nostra fiducia che S abbia un modello (o addirittura un modello privilegiato) – fiducia che si è rivelata illusoria più di una volta. S stesso ci suggerisce tale maniera meccanica di verificarne la coerenza: dopo tutto, ogni clausola di S altro non è che una successione finita di simboli, e DPP è un semplice meccanismo che genera nuove clausole. Una volta accertata l'impossibilità di ottenere la clausola vuota, ci si può aspettare che una sorta di "model building" produca un modello per S.

E fu infatti Hilbert a porre il *problema della completezza della logica*, che nel linguaggio usato in queste pagine possiamo formulare così:

Ogni insieme insoddisfacibile di clausole è refutabile?

Il teorema di completezza di Gödel dà una risposta positiva al problema.

Mundici D.: Logica: Metodo Breve.

Quando S è un insieme finito di clausole e H' è un sottinsieme finito del suo universo di Herbrand, denoteremo con

$$DPP(S/H')$$

l'insieme delle clausole ottenibili da S/H' applicando DPP. Come abbiamo già osservato a pagina 69, essendo S/H' un insieme finito di clausole ground, non c'è nessun problema per DPP a trattare queste clausole come clausole della logica proposizionale.

14.2 Completezza e compattezza

Teorema 14.1 (Teorema di completezza di Gödel). *Sia S un insieme finito di clausole di tipo τ, con universo di Herbrand H. Allora le seguenti affermazioni sono equivalenti:*

(i) S è insoddisfacibile;

(ii) S è refutabile, nel senso che per qualche sottinsieme finito H' di H $\square \in DPP(S/H')$.

Dimostrazione (secondo Herbrand e Skolem).
$(ii) \to (i)$ Per assurdo supponiamo che S sia refutabile e soddisfacibile, diciamo $\mathcal{N} \models S$. Dal Corollario 13.12 segue che $\mathcal{N} \models S/H$. A maggior ragione avremo $\mathcal{N} \models S/H'$, e per il Corollario 13.10, $\mathcal{N} \models DPP(S/H')$. Le due clausole che in $DPP(S/H')$ generano la clausola vuota hanno la forma $\{P\mathbf{t}\}$ e $\{\neg P\mathbf{t}\}$ e sono entrambe soddisfatte da $\mathcal{N}$. Per la definizione (13.8) abbiamo $\mathbf{t}^{\mathcal{N}} \in P^*$ e $\mathbf{t}^{\mathcal{N}} \notin P^*$, il che è impossibile.

$(i) \to (ii)$ Mostreremo che se S è irrefutabile allora è soddisfacibile. Sia $H_1 \subseteq H_2 \subseteq \ldots$ una successione crescente di sottinsiemi finiti di H con $H = \bigcup_n H_n$. Per ogni i fissato, S/H_i è un insieme finito di clausole (perché S e H_i sono finiti). S/H_i è un input per la procedura DPP, le cui variabili proposizionali sono le formule atomiche ground di S/H_i. Per ipotesi, $\square \notin DPP(S/H_i)$. Per il Teorema 4.1 esiste un'assegnazione α_i che soddisfa (ogni clausola di) S/H_i nel senso della logica proposizionale; in simboli, $\alpha_i \models_{\text{proposiz}} S/H_i$. Siccome $S/H = S/\bigcup H_n = \bigcup S/H_n$, per il teorema di compattezza 6.2 esiste un'assegnazione α che soddisfa S/H nella logica proposizionale. In simboli,

$$\alpha \models_{\text{proposiz}} S/H. \tag{14.1}$$

Il dominio di α è l'insieme delle formule atomiche di S/H. Sia $P\mathbf{t}$ una formula atomica che occorre (forse preceduta da negazione) in una clausola di S/H. Allora α assegna a $P\mathbf{t}$ un ben preciso valore di verità $\alpha(P\mathbf{t}) \in \{0,1\}$. L'assegnazione α ci suggerisce la seguente:

Costruzione del modello $\mathcal{M} = (M,^*)$ per S di tipo τ. Per cominciare, poniamo $M = H$. Per ogni simbolo di predicato n-ario $P \in \tau$, definiamo la relazione

$P^* \subseteq M^n$ ponendo, per ogni $\mathbf{t} \in M^n = H^n$,

$$\mathbf{t} \in P^* \text{ sse } \alpha(P\mathbf{t}) = 1. \tag{14.2}$$

In altre parole, $\mathbf{t} \in P^*$ sse $\alpha \models_{\text{proposiz}} P\mathbf{t}$. In particolare, se la formula atomica ground $P\mathbf{t}$ non è nel dominio di α abbiamo $\mathbf{t} \notin P^*$. Per ogni costante $a \in \tau$, poniamo $a^* = a$. Per ogni simbolo di funzione k-aria $f \in \tau$, definiamo la funzione $f^*: M^k \to M$ ponendo $f^*(t_1, \dots, t_k) = f(t_1, \dots, t_k)$. La costruzione di $\mathcal{M}$ è terminata.

Ricordando la notazione di (13.5), per induzione sul numero di funzioni in $h \in H$ vediamo che

$$h^{\mathcal{M}} = h. \tag{14.3}$$

Affermazione finale. $\mathcal{M} \models S$.

Per ogni clausola $C = C(x_1, \dots, x_n) \in S$ e n-pla $\mathbf{g} \in M^n = H^n$ vogliamo dimostrare che $\mathcal{M}, \mathbf{g} \models C$. Scriviamo $C = \{L_1, \dots, L_u\}$, sicché $C(\mathbf{g}) = \{L_1(\mathbf{g}), \dots, L_u(\mathbf{g})\}$. Siccome $C(\mathbf{g})$ è un elemento di S/H, da (14.1) segue che

$$\alpha \models_{\text{proposiz}} C(\mathbf{g}), \quad \text{ossia} \quad \alpha \models_{\text{proposiz}} L(\mathbf{g}) \text{ per qualche letterale } L \in C.$$

Supponiamo che L abbia la forma $\neg P\mathbf{t}$ (il caso $L = P\mathbf{t}$ è simile). Abbiamo $\alpha \models_{\text{proposiz}} (\neg P\mathbf{t})(\mathbf{g})$, e quindi $\alpha \models_{\text{proposiz}} \neg P(\mathbf{t}(\mathbf{g}))$. Da (14.2) ricaviamo $\mathbf{t}(\mathbf{g}) \notin P^*$. Applicando (14.3) alla successione $\mathbf{t}(\mathbf{g})$ di termini ground possiamo scrivere $(\mathbf{t}(\mathbf{g}))^{\mathcal{M}} \notin P^*$. Dal Lemma 13.5 otteniamo $\mathbf{t}^{\mathcal{M}}[\mathbf{g}^{\mathcal{M}}] \notin P^*$. Per la definizione (13.6) possiamo scrivere $\mathcal{M}, \mathbf{g}^{\mathcal{M}} \models \neg P\mathbf{t}$. Ancora da (14.3) otteniamo $\mathcal{M}, \mathbf{g} \models \neg P\mathbf{t}$, ossia $\mathcal{M}, \mathbf{g} \models L$ e quindi $\mathcal{M}, \mathbf{g} \models C$, come volevamo. □

Teorema 14.2 (Teorema di compattezza di Gödel). *Sia S un insieme numerabilmente infinito di clausole di tipo τ, con universo di Herbrand H. Allora le seguenti affermazioni sono equivalenti:*

(i) *S è insoddisfacibile;*

(ii) *qualche sottinsieme finito S' di S è insoddisfacibile;*

(iii) *per qualche sottinsieme finito S' di S e sottinsieme finito H' di H si ha che $\square \in DPP(S'/H')$.*

Dimostrazione. Per il teorema di completezza, *(iii)* $\Leftrightarrow$ *(ii)*. Banalmente, *(ii)* $\Rightarrow$ *(i)*. La dimostrazione che *(i)* $\Rightarrow$ *(iii)* si fa supponendo che per nessun sottinsieme finito S' di S e sottinsieme finito H' di H, $\square \in DPP(S'/H')$. Allora per ogni coppia (S', H') il model-building della logica proposizionale ci dà un'assegnazione $\alpha_{S',H'} \models_{\text{proposiz}} S'/H'$. È facile vedere che

$$\frac{S}{H} = \bigcup \left\{ \frac{S'}{H'} \mid S' \subseteq S, \quad H' \subseteq H, \quad S', H' \text{ finiti} \right\}. \tag{14.4}$$

Dunque S/H è finitamente soddisfacibile nella logica proposizionale. Il teorema di compattezza proposizionale ci dà un'assegnazione $\alpha \models_{\text{proposiz}} S/H$. Da α costruiamo un modello per S con la stessa tecnica usata nella dimostrazione del teorema di completezza. Dunque S è soddisfacibile, e $\neg(iii) \Rightarrow \neg(i)$, ossia $(i) \Rightarrow (iii)$. $\square$

Esercizio 14.3. Le due condizioni (i) e (ii) del teorema di completezza 14.1 sono equivalenti anche a ciascuna di queste due condizioni:

(iii) Per *ogni* successione $H_1 \subseteq H_2 \subseteq \ldots$ di sottinsiemi finiti di H con $H = \bigcup H_n$, esiste un i tale che $\square \in DPP(S/H_i)$.

(iv) Per *qualche* successione $H_1 \subseteq H_2 \subseteq \ldots$ di sottinsiemi finiti di H con $H = \bigcup H_n$, esiste un i tale che $\square \in DPP(S/H_i)$.

14.3 Commenti al teorema di completezza

I passi di DPP che, avendo in input il sottinsieme finito S/H' di S/H, arrivano alla clausola vuota, non producono altro che stringhe di simboli dell'alfabeto Σ. Tale successione di simboli è comunque una "dimostrazione" definitiva, matematicamente convincente, che l'affermazione contenuta in S non vale in nessun "mondo possibile" $\mathcal{M}$, e quindi S è insoddisfacibile.

Ma cosa pensare se, comunque prendiamo insiemi finiti $H_1 \subseteq H_2 \subseteq \ldots$, con $H = \bigcup H_n$ e applicando DPP a S/H_i, non riusciamo *mai* a produrre la clausola vuota? Il teorema di completezza di Gödel dice che questa sequenza di vani tentativi di trovare la clausola vuota sta costruendo un modello per S.[1]

D'altra parte, chiunque annunci di aver dimostrato l'insoddisfacibilità di S, fosse anche il marziano citato nelle pagine precedenti, dotato di poteri deduttivi extraterrestri, è avvisato che anche il nostro meticoloso ragioniere DPP arriverà prima o poi allo stesso risultato, producendo la clausola vuota.

Il teorema di completezza di Gödel non vieta la scoperta di nuove tecniche per dimostrare teoremi con maggiore velocità o efficienza di quanto noi possiamo fare oggi. E in effetti nelle sezioni successive descriveremo alcuni accessori (ad esempio, il predicato di eguaglianza, le formule non clausali) utilizzati nella pratica matematica. Ma in sostanza, le "dimostrazioni" sono quelle del nostro calcolo logico, basato sulle due leggi semplici deduttive di istanziazione e risoluzione, leggi che l'umanità applica da millenni. E non si possono trarre altre conseguenze oltre a quelle ricavabili col nostro calcolo.

Come abbiamo visto, un modo di enunciare il teorema di completezza di Gödel è dire che l'insoddisfacibilità di S (una condizione che lancia una stringa

[1] Ricordiamo il vano tentativo di Saccheri di dimostrare l'incompatibilità dei postulati di Euclide con la negazione del Quinto Postulato: pagina dopo pagina, egli stava in effetti descrivendo un modello di geometria non euclidea.

finita di simboli S alla ricerca di un'indicibile totalità di "mondi possibili") è equivalente all'esistenza di una refutazione di S (ossia al banale fatto che l'algoritmo DPP applicato a qualche S/H_i produce la clausola vuota). In altre parole, la soddisfacibilità di S da parte di qualche modello $\mathcal{M}$ è equivalente all'inesistenza di una refutazione di S.

Dunque la contrapposizione tra Frege ed Hilbert a proposito della soddisfacibilità di S non è poi così drastica. L'uno richiedeva l'esistenza di un modello, l'altro la non refutabilità di S; e il teorema di completezza afferma che queste due condizioni sono equivalenti.

La contrapposizione sparirebbe del tutto se, come l'insoddisfacibilità di S è sempre certificata formalmente da una refutazione, così la sua soddisfacibilità fosse sempre certificata da una "dimostrazione di soddisfacibilità," ossia da una "procedura meccanica", diciamo DPP$^\natural$, che termina in un numero finito di passi sse S è soddisfacibile: perché allora, lanciando simultaneamente DPP e DPP$^\natural$, e guardando quale si ferma prima potremmo decidere meccanicamente se S è insoddisfacibile o soddisfacibile, come già possiamo fare nella logica di Boole.

Una serie di risultati fondamentali della matematica del XX secolo, la cui trattazione richiede uno specifico secondo corso di Logica, (i) ha dato una definizione convincente di "procedura meccanica che termina in un numero finito di passi" e (ii) ha dimostrato l'inesistenza di una procedura meccanica che termini in un numero finito di passi sse S è soddisfacibile. Questo è il teorema di Turing-Church sull'indecidibilità della logica dei predicati, in risposta al fondamentale *Problema della Decisione (Entscheidungsproblem)* posto da Hilbert.

Esercizi

Metodo Refutazionale

In ognuno di questi esercizi la tesi è conseguenza delle premesse. *Deduci* la tesi dalle premesse in un numero finito di passi puramente formali con il seguente *metodo refutazionale*, che concretizza la dimostrazione del teorema di Gödel:

(i) Formalizza le premesse e la negazione della tesi, ottenendo un insieme finito di clausole S, con universo di Herbrand H.

(ii) Istanzia S su un sottinsieme finito H' di H; per brevità cerca di scrivere una refutazione con pochi risolventi rispetto a tutti quelli prodotti da DPP: solo il computer ha abbastanza tempo e pazienza per eseguire l'intera DPP(S/H').

(iii) Controlla se DPP(S/H') produce la clausola vuota. Altrimenti allarga H' a un sottinsieme $H'' \supseteq H'$, e ritorna al passo (ii). Per brevità cerca le poche istanziazioni che davvero servono per ottenere la clausola vuota.

1. Ogni combattente è mortale
   Ach è un combattente
   la mamma di ogni mortale è mortale

   ---

   la mamma di Ach è mortale

   Suggerimento: Formalizzando le premesse e la negazione della tesi otteniamo l'insieme di clausole $R = \{\{\neg Cx, Mx\}, \{Ca\}, \{\neg Mz, Mm(z)\}, \{\neg Mm(a)\}\}$. Le informazioni su combattenti, mortali, mamme e Ach che possiamo utilizzare per risolvere questo esercizio sono tutte contenute nell'insieme delle clausole R. Intuiamo che non esiste un "mondo possibile" $\mathcal{M}$, anche mitologico, che sia modello di R. L'intuizione è confermata dalla seguente refutazione di R: istanziando R sul sottinsieme $\{a\}$ dell'universo di Herbrand di R otteniamo un insieme insoddisfacibile $R/\{a\}$ di clausole della logica proposizionale. Se $\mathcal{M}$ esistesse, dovrebbe soddisfare $R/\{a\}$, ed ogni clausola ottenuta attraverso DPP. Ma tra tali clausole c'è la clausola vuota.

   Questo grafo rappresenta una refutazione delle premesse e della negazione della tesi; tutte le istanziazioni sono su a:

   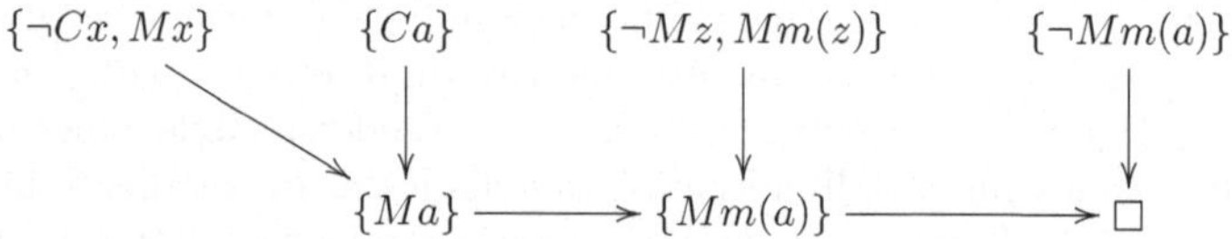

2. Cane non morde cane
   Alf morde Blick

   ---

   almeno uno dei due tra Alf e Blick non è un cane

   Soluzione: Questo grafo rappresenta una refutazione delle premesse e della negazione della tesi:

   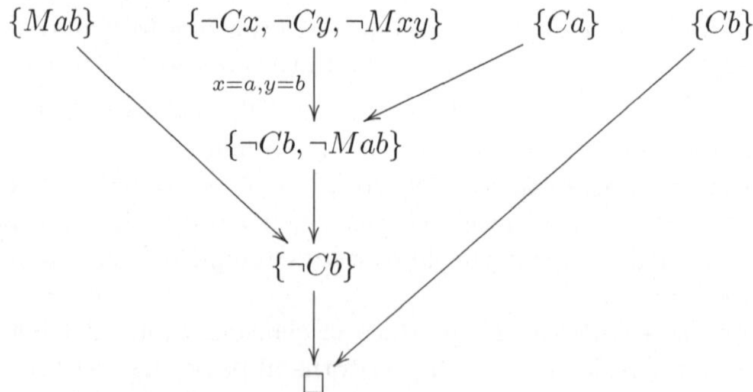

3. Chi dorme non piglia pesci: $\{\neg Dx, \neg Py, \neg Cxy\}$
   Alf prende Bico: $\{Cab\}$
   Bico è un pesce: $\{Pb\}$

   Alf non dorme: $\{\neg Da\}$

4. Ogni primate è vertebrato
   il padre di ogni primate è un primate
   Arg è un primate

   ---

   il padre di Arg è vertebrato

5. $\{\neg Px, \neg Ry, Txy\}$
   $\{\neg Rz, Tzb\}$
   $\{Ra\}$
   $\{Pa\}$

   $\{Taa, Tab\}$

   Suggerimento: Negare la tesi significa produrre le due clausole $\{\neg Taa\}$ e $\{\neg Tab\}$.
   Nota: Non tutte le sei clausole di questo esercizio sono necessarie per una refutazione.

6. Ogni portiere teme ogni rigorista
   ogni rigorista teme Bill
   Alf è rigorista e portiere

   Alf teme se stesso e teme Bill

7. $\{\neg Fx, Pm(x)\}$
   $\{\neg Cy, \neg Pm(y)\}$

   $\{\neg Fa, \neg Ca\}$

8. Nel Canto XXVI dell'Inferno di Dante, il diavolo fa una lezione di logica a san Francesco che sta ingiustamente portando il conte Guido di Montefeltro in paradiso. Nei versi 118-119 si trovano le due premesse:

   ch' assolver non si può chi non si pente,
   né pentere e volere insieme puossi

   Nei versi precedenti troviamo la terza premessa, sotto forma di autodenuncia:

   Guido da Montefeltro vuole peccare

   Vi è infine una premessa dottrinale così ovvia che Dante non ha bisogno di enunciarla esplicitamente:

   chi non è assolto va all'inferno

Usando la costante $c =$ conte Guido da Montefeltro e i predicati $Px =$ "x si pente", $Ay =$ "y è assolto", $Vz =$ "z vuole peccare", e $Iu =$ "u va all'inferno", deduci dalle quattro premesse, la tesi diabolica che Guido da Montefeltro va all'inferno.

Soluzione (istanziando ogni variabile su c):

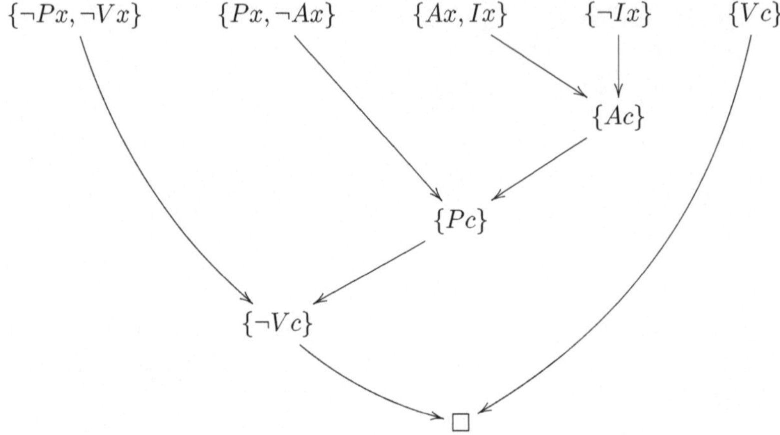

9. Trova un'altra refutazione dell'esercizio precedente, partendo dal risolvente $\{\neg Pc\}$ di $\{\neg Pc, \neg Vc\}$ e $\{Vc\}$.

Soddisfacibile/Insoddisfacibile

Per ciascuno dei seguenti esercizi, scrivi in clausole le premesse e la negazione della tesi; poi valuta informalmente se la tesi sia conseguenza delle premesse. Se così non è, costruisci un modello (meglio se con pochi elementi) per le premesse P e la negazione N della tesi. Se invece la tesi è conseguenza delle premesse, istanziando opportunamente P e N sull'universo di Herbrand, trova la clausola vuota con il metodo refutazionale. Il teorema di Gödel ci assicura che questo aut-aut si verifica sempre.

1. Ogni lepre teme ogni volpe: $\{\neg Lx, \neg Vy, Txy\}$
   Bic non teme nessuno: $\{\neg Tbz\}$
   Ark è una volpe: $\{Va\}$

   Bic non è una lepre: $\{\neg Lb\}$

2. Ogni lepre teme chiunque la minaccia
   Bic è una lepre

   Bic teme qualcuno

3. $\{\neg Px, \neg Ey, Mm(x)m(y)\}$
   $\{\neg Mm(a)m(b)\}$

   $\{\neg Pb, \neg Ea\}$

4. $\{\neg Px, \neg Ey, Mm(x)m(y)\}$
   $\{\neg Mm(a)m(b)\}$

   $\{\neg Pa, \neg Eb\}$

5. La massa di ogni pulce è minore della massa di ogni elefante
   la massa di Alf non è minore della massa di Bet
   Bet è un elefante

   Alf non è una pulce

6. $\{\neg Ix, \neg Axf(y)\}$
   $\{If(z)\}$

   $\{\neg Af(a)a\}$

7. Chi non sa leggere e scrivere non sa difendersi dagli imbonitori
   Biagio non sa difendersi da se stesso

   O Biagio non sa leggere e scrivere oppure non è un imbonitore

8. Chi usa bene la propria testa sa difendersi dagli imbonitori
   Biagio non sa difendersi da se stesso

   O Biagio non usa bene la propria testa oppure non è un imbonitore.

9. Nel capitolo VI del racconto "La morte di Ivan Il'ic" di Lev Tolstoj, il protagonista si scontra con il sillogismo

   Caio è un uomo, ogni uomo è mortale, dunque Caio è mortale

   che aveva studiato in un manuale di logica in voga ai suoi tempi. Se non possiedi il testo di questo racconto lo troverai facilmente in rete o in una biblioteca pubblica. Leggilo, commenta le considerazioni di Ivan Il'ich e valuta la plausibilità delle seguenti osservazioni di contorno:[2]

a) Come esercizio matematico, il sillogismo è perfettamente valido per un generico uomo quale è Caio, ma non si può applicare a Ivan Il'ic, che non è un uomo generico, ed ha una sua storia personale assolutamente a parte, in cui Caio non ha nessun titolo ad entrare. Caio può passare a miglior vita in qualsiasi momento, ma per un fenomeno simile a quello discusso nella soluzione dell'Esercizio 3 a pagina 78, aggiungendo opportuni assiomi specifici su Ivan Il'ic, la sua mamma e i suoi familiari (alcuni di tali assiomi ricavabili dalle pagine iniziali del capitolo), la tesi del sillogismo potrebbe venir ribaltata nella tesi che Ivan Il'ic vivrà ancora moltissimi anni.
b) Proprio come succede alla congiunzione "se", anche l'aggettivo "ogni" ha in matematica significati più ristretti che nel linguaggio naturale. Una cosa è dire "ogni corvo è nero", un'altra cosa è affermare "ogni numero naturale ha un successore", un'altra cosa ancora è dire "ogni insieme non vuoto di numeri naturali ha un minimo elemento" Le semplici manipolazioni simboliche di istanziazione e risoluzione non possono controllare tutte le sfaccettature dell'aggettivo "ogni".

---

[2] *Ecco il passaggio centrale per l'esercizio, approssimativamente tradotto in italiano:*
Ivan Il'ic vedeva che stava morendo ed era disperato. Nel profondo del suo cuore sapeva di dover morire, però non solo non si abituava all'idea, ma non poteva concepirla, nemmeno lontanamente. Il sillogismo che aveva appreso dal trattato di logica di Kiesewetter "Caio è un uomo, ogni uomo è mortale, dunque Caio è mortale" gli era sempre sembrato legittimo, in quanto applicato a Caio, ma certamente non nei suoi riguardi. Che Caio – uomo astrattamente generico – fosse mortale era perfettamente corretto, ma lui non era Caio, non era un uomo generico, ma un essere assolutamente, assolutissimamente a parte da tutti gli altri. Lui era Vanya con la sua mamma e il suo papà, con Mitya e Volodya, con i suoi giocattoli, con il cocchiere e la bambinaia, e poi con Katenka, con tutte le gioie, dolori, entusiasmi dell'infanzia, adolescenza, e della gioventù. Che ne sapeva Caio dell'odore di cuoio di quella palla a cui Vanya era tanto affezionato? E Caio aveva baciato la mano di sua madre come lui? E il fruscio che facevano le pieghe del vestito di seta della mamma risuonava per Caio nello stesso modo? E Caio aveva fatto una rivolta nella Facoltà di Giurisprudenza per le paste? Era stato innamorato così anche lui? E poi, Caio potrebbe presiedere una seduta come lui? "Caio davvero è mortale, è giusto che muoia, ma non io, Vanya, Ivan Il'ic, con tutte le mie idee, sensazioni ed emozioni; per me è tutto un altro affare. Non può essere che io debba morire. Sarebbe troppo atroce." Così lui sentiva nel profondo della sua anima. "Se mi toccasse di morire come Caio, lo saprei, me lo direbbe una voce interna: ma in me non c'è nulla di simile; io e tutti i miei amici abbiamo sempre capito che il nostro caso non ha niente a che vedere con il caso di Caio. Ma cosa sta succedendo? No, non può essere. Non è possibile! E invece lo è. Ma come è possibile? Come si fa a capirlo?" Così parlava fra sé.

15

Assiomi per l'eguaglianza

15.1 Introduzione

La possibilità di arricchire il calcolo logico con il simbolo di eguaglianza non è cosa da poco, visto che questo simbolo lo troviamo dovunque in matematica, ed ha senso in qualunque modello tarskiano. Non è così per le altre relazioni. Ad esempio, la relazione "è maggiore di" non ha senso per le rette; la relazione "appartiene a" non ha senso per i numeri naturali.

Arricchiamo dunque il nostro alfabeto con il nuovo simbolo di relazione binaria $\approx$. Più avanti scriveremo $=$ invece di $\approx$, ma per ora il rischio di confusione è troppo forte. Per comodità scriveremo $x \approx y$ invece di $\approx xy$. Definiamo *modello con eguaglianza* un modello $\mathcal{M} = (M,^*)$ ove il simbolo di eguaglianza $\approx$ viene interpretato nella relazione di eguaglianza su $\mathcal{M}$. Dunque,

$$\approx^* \quad \text{coincide con la relazione} \quad \{(x,y) \in M^2 \mid x = y\}.$$

Se il simbolo di eguaglianza occorre in un insieme soddisfacibile di clausole S, non è detto che S sia soddisfacibile da un modello con eguaglianza:

Esempio 15.1. L'insieme S costituito dalle tre clausole

$$\{a \approx b\}, \{Pa\}, \{\neg Pb\}$$

è soddisfacibile, per esempio, da un modello $\mathcal{M} = (M,^*)$ il cui universo ha due elementi a^*, b^*, il simbolo di relazione binaria $\approx$ è interpretato come l'insieme M^2, (dunque $x \approx^* y$ per ogni $x, y \in M$), il predicato P è interpretato nel singoletto $\{a^*\}$. Invece, S non è soddisfacibile da nessun modello $\mathcal{N} = (N,^\natural)$ con eguaglianza. Infatti, in $\mathcal{N}$ abbiamo che $a^\natural$ e $b^\natural$ sono un unico elemento, e quindi è impossibile che $a^\natural \in P^\natural$ e $b^\natural \notin P^\natural$.

Per estendere il teorema di completezza a clausole contenenti il simbolo di eguaglianza, occorre un'estensione del calcolo logico studiato fin qui. Fortunatamente non c'è bisogno di aggiungere nuove "regole deduttive" oltre all'istanziazione e alla risoluzione. Quello che faremo sarà di aggiungere alcune clausole, note come "assiomi dell'eguaglianza", che, nella loro semplicità, sono il frutto di una contemplazione millenaria delle proprietà dell'eguaglianza.

15.2 L'assiomatizzazione dell'eguaglianza

Tanto per cominciare, ricordiamo i tre *assiomi di equivalenza*, e scriviamoli nel linguaggio matematico usuale:

- (Riflessività) $\forall x\ (x \approx x)$
- (Simmetria) $\forall x \forall y\ (x \approx y \to y \approx x)$
- (Transitività) $\forall x \forall y \forall z\ ((x \approx y \wedge y \approx z) \to x \approx z)$.

Per ogni simbolo di funzione $f(x_1, \ldots, x_n)$ e di relazione $Px_1 \cdots x_m$, usando le abbreviazioni $f(\mathbf{x})$ e $P\mathbf{x}$, introduciamo anche i seguenti *assiomi di congruenza:*

$$\forall x_1 \cdots \forall x_n \forall x'_1 \cdots \forall x'_n ((x_1 \approx x'_1 \wedge \ldots \wedge x_n \approx x'_n) \to f(\mathbf{x}) \approx f(\mathbf{x}'))$$

e

$$\forall x_1 \cdots \forall x_m \forall x'_1 \cdots \forall x'_m\ ((x_1 \approx x'_1 \wedge \ldots \wedge x_m \approx x'_m) \to (P\mathbf{x} \to P\mathbf{x}')).$$

Pertanto, quando abbiamo un insieme S di clausole in cui compare il simbolo di eguaglianza, il calcolo logico aggiunge ad S queste tre clausole

$$\{x \approx x\},\ \{\neg x \approx y,\ y \approx x\},\ \{\neg x \approx y,\ \neg y \approx z,\ x \approx z\},$$

e per ogni funzione f e relazione P che occorre in S, aggiunge anche le clausole

$$\{\neg x_1 \approx x'_1, \ldots, \neg x_n \approx x'_n,\ f(x_1, \ldots, x_n) \approx f(x'_1, \ldots, x'_n)\}$$

$$\{\neg x_1 \approx x'_1, \ldots, \neg x_m \approx x'_m,\ \neg P x_1, \ldots, x_m,\ P x'_1, \ldots, x'_m\}.$$

Invece di $\neg x \approx y$ scriveremo $x \not\approx y$.

Teorema 15.2. *Sia S un insieme di clausole. Sia $S^{\approx}$ l'insieme ottenuto aggiungendo ad S le clausole degli assiomi di equivalenza e di congruenza per le funzioni e relazioni di S. Allora le seguenti due condizioni sono equivalenti:*

1. *S è soddisfacibile da un modello con eguaglianza.*
2. *$S^{\approx}$ è soddisfacibile.*

Dimostrazione. ($1 \to 2$). Sia $\mathcal{N} = (N, ^\sharp)$ un modello con eguaglianza che soddisfa S. Evidentemente la relazione $\approx^\sharp$ è una relazione d'equivalenza sull'universo N. Inoltre, per ogni simbolo di funzione e di relazione occorrente in S, valgono in $\mathcal{N}$ gli assiomi di congruenza. Dunque $\mathcal{N} \models S^{\approx}$.

$(2 \to 1)$. Sia $\mathcal{M} = (M, ^*)$ un modello di $S^{\approx}$. Dal fatto che $\mathcal{M}$ soddisfa i primi tre assiomi, ricaviamo che la relazione $\approx^* \subseteq M^2$ deve essere una relazione d'equivalenza su M. Sia N l'insieme delle classi di equivalenza. Per ogni $x \in M$ sia $\langle x \rangle \in N$ la sua classe d'equivalenza. Costruiremo un modello $\mathcal{N} = (N, ^\natural)$ con eguaglianza che soddisfa S. Pertanto definiamo $\approx^\natural$ come la relazione di eguaglianza su N. Per ogni simbolo di funzione $f(x_1, \ldots, x_n)$, ponendo

$$f^\natural(\langle a_1 \rangle, \ldots, \langle a_n \rangle) = \langle f^*(a_1, \ldots, a_n) \rangle, \quad (a_i \in M) \tag{15.1}$$

abbiamo una corretta[1] definizione di una funzione $f^\natural \colon N^n \to N$. Ciò perché $\mathcal{M}$ soddisfa l'assioma di congruenza per f. Analogamente, ponendo

$$(\langle b_1 \rangle, \ldots, \langle b_m \rangle) \in P^\natural \text{ sse } (b_1, \ldots, b_m) \in P^* \quad (b_i \in M) \tag{15.2}$$

definiamo una relazione m-aria $P^\natural$ in N. La definizione di $\mathcal{N}$ è così terminata. Per costruzione $\mathcal{N}$ è un modello con eguaglianza. Da (15.1), per ogni termine $t(x_1, \ldots, x_k)$ e k-pla $\mathbf{a} = (a_1, \ldots, a_k) \in M^k$, per induzione sul numero di funzioni in t, ricaviamo

$$\langle t^{\mathcal{M}}[\mathbf{a}] \rangle = t^{\mathcal{N}}[\langle \mathbf{a} \rangle], \qquad \text{ove } \langle \mathbf{a} \rangle \text{ sta per } (\langle a_1 \rangle, \ldots, \langle a_k \rangle). \tag{15.3}$$

Sia L un letterale della forma $P\mathbf{t}$, ove $\mathbf{t} = t(x_1, \ldots, x_k)$ (il caso $L = \neg P\mathbf{t}$ è analogo); sia $\mathbf{m}$ un elemento di M^k. Utilizzando (15.1)-(15.3) vediamo che

$$\mathcal{M}, \mathbf{m} \models L \quad \text{sse} \quad \mathcal{N}, \langle \mathbf{m} \rangle \models L.$$

Dunque, per ogni clausola $C = C(x_1, \ldots, x_k)$ di S e $\mathbf{m} \in M^k$ abbiamo

$$\mathcal{M}, \mathbf{m} \models C \text{ sse } \mathcal{N}, \langle \mathbf{m} \rangle \models C.$$

E siccome $\mathcal{M} \models C$ per ogni clausola $C \in S$, concludiamo che $\mathcal{N} \models S$. □

Esempio 15.3 (Continuazione dell'Esempio 15.1). L'insieme $S = \{\{a \approx b\}, \{Pa\}, \{\neg Pb\}\}$ diviene insoddisfacibile non appena aggiungiamo l'assioma

$$\{\neg x \approx y, \neg Px, Py\}$$

di congruenza per P. Istanziando questo assioma con la sostituzione $x \approx a$ e $y \approx b$ otteniamo l'insieme di clausole $\{\{a \approx b\}, \{Pa\}, \{\neg Pb\}, \{\neg a \approx b, \neg Pa, Pb\}\}$ che è facilmente refutabile.

Da ora in poi aboliamo il pesantissimo simbolo $\approx$, scrivendo $=$

[1]Ossia, indipendente dalla scelta del rappresentante x per la classe $\langle x \rangle$.

Esercizi

1. Formalizza queste frasi in clausole con eguaglianza:

   a) Se Clementina è la nonna materna di Luisa, allora è anche la mamma di Filippo e di Marta.

   b) Se un solo giocatore ha fatto tredici, allora almeno due giocatori hanno fatto dodici.

   c) O la Terra è l'unico pianeta abitato da matematici, o almeno due matematici abitano in pianeti diversi.

2. Verifica con una refutazione l'insoddisfacibilità dell'insieme S dell'Esempio 15.3.

3. Descrivi un modello per l'insieme di clausole

$$S = \{\{a = b\}, \{f(a) = b\}, \{f(b) \neq a\}\}.$$

   Con una refutazione verifica che S non ha nessun modello con eguaglianza.

4. Con il metodo refutazionale dimostra che la tesi è conseguenza logica della premessa:

$$\frac{\forall x \forall y (x = a \vee y = a)}{f(a,b) = f(b,a)}$$

   Soluzione:

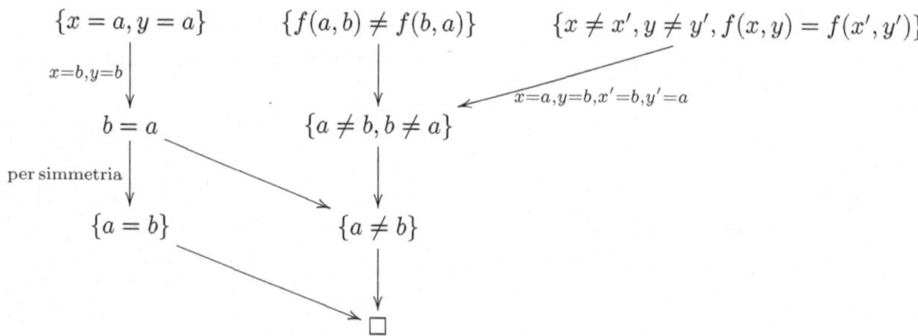

   Nota: "per simmetria" significa: risolvere con un'istanziazione della clausola che esprime la simmetria dell'eguaglianza.

5. Per ciascun esempio, vedi se la tesi è conseguenza delle premesse. Se no, trova un modello con eguaglianza per le premesse e la tesi negata; se sì dimostralo con il metodo refutazionale:

a) $a \neq b$
$\forall x(x = a \vee x = b)$
$\forall x \; x = f(x)$
$f(c) = b$

$c = b$

b) $a \neq b$
$\forall x(x = a \vee x = b)$
$\forall x \; x \neq f(x)$

$\exists x \, f(f(x)) = x$

c) $\forall x(x = a \vee x = b)$

$\exists x \, f(f(x)) = x$

16

La logica dei predicati $\mathcal{L}$

16.1 Introduzione

In questo capitolo un po' più denso degli altri descriviamo una logica, denotata $\mathcal{L}$, e nota come "logica dei predicati", o "logica elementare", o anche "logica del primo ordine". La sintassi di $\mathcal{L}$ calza perfettamente con il linguaggio matematico, che di solito non si esprime in clausole.

Sia Σ l'alfabeto definito all'inizio del Capitolo 12. Aggiungendo il simbolo di eguaglianza abbiamo l'alfabeto $\Sigma^=$. Aggiorniamo la Definizione 12.5 di formula atomica decretando che anche ogni stringa $t_1 = t_2$ (ove t_1, t_2 sono termini) è una formula atomica.

Definizione 16.1. Le *formule (di $\mathcal{L}$)* sono le stringhe su $\Sigma^=$ date da questa definizione induttiva:

- ogni formula atomica è una formula;
- se F e G sono formule, allora $\neg F, (F \vee G), (F \wedge G), (F \rightarrow G)$, sono formule;
- se F è una formula e x è una variabile, allora $(\exists x F)$ e $(\forall x F)$ sono formule.

Per ogni formula F vale il principio di *unica leggibilità* che permette un'unica decomposizione di F nei suoi costituenti. La dimostrazione è una variante di quella del Teorema 7.3. Questo principio permette anche di definire le *occorrenze libere* di una variabile x in una formula F in questo modo:

- in una formula atomica ogni occorrenza di ogni variabile è libera;
- in una negazione $\neg F$ le occorrenze libere di una variabile sono precisamente quelle in F;
- in una formula del tipo $(F \vee G), (F \wedge G), (F \rightarrow G)$, le occorrenze libere di una variabile sono quelle in F più quelle in G;
- in una formula $(\exists x F)$ oppure $(\forall x F)$, la variabile x non ha occorrenze libere, mentre ogni altra variabile y ha le stesse occorrenze libere che ha in F.

Mundici D.: Logica: Metodo Breve.

Un'occorrenza di x in F è detta *vincolata* se non è libera. Una variabile z è detta *libera* in F se ha occorrenze libere; z è *vincolata* in F se ha occorrenze vincolate. L'esempio della formula $((\exists z Pz) \wedge Qz)$ mostra che una variabile può essere sia libera che vincolata.

Scrivendo $F(x_1, \ldots, x_n)$ intendiamo dire che le variabili libere della formula F sono comprese nell'insieme $\{x_1, \ldots, x_n\}$.

Definizione 16.2. Un *enunciato* è una formula in cui tutte le occorrenze delle variabili sono vincolate.

Da ora in poi la parola "modello" significa "modello con eguaglianza". E tutti i modelli saranno appropriati alle formule a cui si riferiscono.

Per semplicità aboliremo le parentesi esterne e applicheremo tutte le precedenze già introdotte per la logica booleana.

Definizione 16.3 (Estensione della Definizione 13.6 per induzione sul numero di connettivi e quantificatori in F). Sia $F(x_1, \ldots, x_n)$ una formula, $\mathcal{M} = (M, *)$ un modello, e $\mathbf{m} = (m_1, \ldots, m_n)$ una n-upla di elementi di M:

- se F è atomica, della forma $P\mathbf{t}$, allora $\mathcal{M}, \mathbf{m} \models F$ (leggi: "$\mathcal{M}$ *con* $\mathbf{m}$ *soddisfa* F") vuol dire che $\mathbf{t}^{\mathcal{M}}[\mathbf{m}]$ è un elemento di P^*;
- se F è $u = v$, $\mathcal{M}, \mathbf{m} \models F$ vuol dire che $u^{\mathcal{M}}[\mathbf{m}] = v^{\mathcal{M}}[\mathbf{m}]$;
- se F è una negazione, $\neg G$, allora $\mathcal{M}, \mathbf{m} \models \neg G$ vuol dire che non è vero che $\mathcal{M}, \mathbf{m} \models G$;
- se F è una congiunzione o disgiunzione o implicazione di due formule H e K stipuliamo che
  - $\mathcal{M}, \mathbf{m} \models H \wedge K$ vuol dire che $\mathcal{M}, \mathbf{m} \models H$ e $\mathcal{M}, \mathbf{m} \models K$
  - $\mathcal{M}, \mathbf{m} \models H \vee K$ vuol dire che $\mathcal{M}, \mathbf{m} \models H$ o $\mathcal{M}, \mathbf{m} \models K$
  - $\mathcal{M}, \mathbf{m} \models H \to K$ vuol dire che se $\mathcal{M}, \mathbf{m} \models H$ allora $\mathcal{M}, \mathbf{m} \models K$;
- se F è della forma $\forall x G(x_1, \ldots, x_n, x)$, allora $\mathcal{M}, m_1, \ldots, m_n \models F$ vuol dire che per ogni $m \in M$ si ha che $\mathcal{M}, m_1, \ldots, m_n, m \models G$;
- se F è della forma $\exists x G(x_1, \ldots, x_n, x)$, $\mathcal{M}, m_1, \ldots, m_n \models F$ significa che esiste un $m \in M$ tale che $\mathcal{M}, m_1, \ldots, m_n, m \models G$.

Questa definizione può apparire pedante perché non fa altro che esplicitare l'intuizione secondo cui $\mathcal{M}$ con $\mathbf{m}$ soddisfa F se dalla lettura di F sostituendo ai simboli di costante, funzione e predicato i rispettivi elementi, funzioni e relazioni di $\mathcal{M}$, sostituendo ogni variabile x_i con l'elemento m_i, e interpretando i quantificatori "per ogni" ed "esiste" sull'universo di $\mathcal{M}$, si ottiene un'affermazione vera. Il fatto è che con questa intuizione imprecisa non riusciremmo ad andare avanti nello studio della logica dei predicati: per le nostre dimostrazioni avremo bisogno di lavorare per induzione sul numero di simboli in F utilizzando la proprietà di unica leggibilità di F.

Notiamo poi che questa definizione dà significato anche a formule come $\exists z\, a = b$, oppure $\forall x \exists x Pxx$ che in prima lettura possono apparire sgrammaticate.

Definizione 16.4. Diciamo che la formula $F(x_1, \ldots, x_n)$ è *soddisfacibile* se esiste un modello $\mathcal{M}$ con una n-pla $\mathbf{m}$ di elementi del suo universo M tale che $\mathcal{M}, \mathbf{m} \models F$.

La formula $G(x_1, \ldots, x_n)$ è *(logicamente) equivalente* a F, in simboli $F \equiv G$, se per ogni modello $\mathcal{M}$ appropriato a entrambe le formule, e per ogni $\mathbf{m} \in M^n$ abbiamo $\mathcal{M}, \mathbf{m} \models F$ sse $\mathcal{M}, \mathbf{m} \models G$.

Un enunciato E è *conseguenza (logica)* degli enunciati $E_1, \ldots, E_m$ se ogni modello $\mathcal{M}$ di $E_1 \wedge \ldots \wedge E_m$ è modello di E. Si intende che $\mathcal{M}$ è appropriato a tutti questi enunciati.

Da queste definizioni abbiamo immediatamente:

Proposizione 16.5. *Dati gli enunciati $E_1, \ldots, E_m, E$ le seguenti condizioni sono equivalenti:*

(i) *E è conseguenza logica di $E_1, \ldots, E_m$;*

(ii) *l'enunciato $(E_1 \wedge \ldots \wedge E_m) \to E$ è una* tautologia, *ossia è soddisfatto da ogni modello ad essa appropriato;*

(iii) *l'enunciato $E_1 \wedge \ldots \wedge E_m \wedge \neg E$ è insoddisfacibile.*

Dunque, la nozione di conseguenza logica può essere scaricata sulla nozione di insoddisfacibilità.

16.2 Trasformazione di formule in PNF

Per applicare a $\mathcal{L}$ il calcolo logico preparato nei capitoli precedenti, trasformeremo ogni enunciato F in un opportuno insieme $\mathcal{S}_F$ di clausole, con la proprietà che F è soddisfacibile sse $\mathcal{S}_F$ lo è.

Prepariamo questa proposizione, la cui dimostrazione è un buon esercizio per controllare la nostra comprensione dell'utilità della Definizione 16.3:

Proposizione 16.6. *Siano F, G, H, K formule. Allora abbiamo queste equivalenze:*

(i) $F \to G \equiv \neg F \vee G$;

(ii) *se* $F \equiv G$ *allora* $\neg F \equiv \neg G$;

(iii) *se* $F \equiv G$ *e* $H \equiv K$ *allora* $F \wedge H \equiv G \wedge K$ *e* $F \vee H \equiv G \vee K$;

(iv) *se* $F \equiv G$ *allora* $\exists x F \equiv \exists x G$ *e* $\forall x F \equiv \forall x G$;

(v) $\neg \exists x F \equiv \forall x \neg F$; $\neg \forall x F \equiv \exists x \neg F$;

(vi) *se x non ha occorrenze libere in G allora* $(\forall x F) \wedge G \equiv \forall x (F \wedge G)$, $(\exists x F) \wedge G \equiv \exists x (F \wedge G)$, $(\forall x F) \vee G \equiv \forall x (F \vee G)$, $(\exists x F) \vee G \equiv \exists x (F \vee G)$.

La trasformazione di una formula F in un insieme di clausole si basa sul seguente risultato preliminare:

Teorema 16.7. *Ogni formula F è equivalente a una* formula PNF,[1] *ossia una formula $\mathcal{P}_F$ della forma*

$$Q_1x_1 \cdots Q_kx_k G, \text{ in breve, } \mathbf{Qx}G, \tag{16.1}$$

dello stesso tipo e con le stesse variabili libere di F, che gode delle seguenti proprietà:

(i) *G non contiene quantificatori e non contiene neanche il connettivo di implicazione $\rightarrow$;*
(ii) *per ogni $= 1, \ldots, k$, $Q_i \in \{\exists, \forall\}$;*
(iii) *$x_i \neq x_j$ per $i \neq j$.*

Dimostrazione. Applicando 16.6(i) possiamo supporre che già in F non occorra il connettivo di implicazione $\rightarrow$. Procediamo ora per induzione sul numero n di connettivi e quantificatori in F, usando la proprietà di unica leggibilità di F. Se $n = 0$ allora F è atomica ed è sufficiente porre $\mathcal{P}_F = F$. Per il passo induttivo abbiamo questi casi:

Caso 1. $F = \neg K$. Usando l'ipotesi induttiva e 16.6(ii) possiamo scrivere $F \equiv \neg\mathcal{P}_K$. Applicando ripetutamente 16.6(v) otteniamo la desiderata formula $\mathcal{P}_F$.

Caso 2. $F = H \vee K$. Usando l'ipotesi induttiva e 16.6(iii) possiamo scrivere $F \equiv \mathcal{P}_H \vee \mathcal{P}_K$. Usando la notazione di (16.1) scriviamo $\mathcal{P}_H = \mathbf{Q'y}A$ e $\mathcal{P}_K = \mathbf{Q''z}B$. Notiamo che ogni variabile libera di A non ha occorrenze vincolate in A, ma qualche variabile libera di $\mathbf{Q'y}A$ potrebbe essere vincolata in $\mathbf{Q''z}B$, e viceversa. Allora riscriviamo tutte le variabili vincolate $\mathbf{y}$ di $\mathcal{P}_H$ e $\mathbf{z}$ di $\mathcal{P}_K$ utilizzando simboli di variabile "nuovi" $\mathbf{u}$ e $\mathbf{w}$ (ossia non occorrenti in $\mathcal{P}_H$ e $\mathcal{P}_K$). Evidentemente $\mathbf{Q'y}A(\mathbf{y}) \equiv \mathbf{Q'u}A(\mathbf{u})$ e $\mathbf{Q''z}B(\mathbf{z}) \equiv \mathbf{Q''w}B(\mathbf{w})$. Applicando ripetutamente 16.6(vi) vediamo che $\mathbf{Q'uQ''w}A(\mathbf{u}) \vee B(\mathbf{w})$ è la desiderata forma normale prenessa per F.

Caso 3. $F = H \wedge K$. È simile al Caso 2.

Caso 4. $F = \exists yL$. Applicando l'ipotesi induttiva e 16.6(iv) possiamo scrivere $F \equiv \exists y\mathcal{P}_L$.

Se y non occorre in $\mathcal{P}_L$, la quantificazione $\exists y$ non ha alcun ruolo in $\mathcal{P}_L$ e possiamo porre $\mathcal{P}_F = \exists y\mathcal{P}_L$ o anche, più semplicemente, $\mathcal{P}_F = \mathcal{P}_L$.

Se y ha occorrenze vincolate in $\mathcal{P}_L$, (e dunque come abbiamo osservato, non ha occorrenze libere) sostituendo y in $\mathcal{P}_L$ con una nuova variabile otteniamo una nuova PNF per L, e procediamo come nel caso precedente. Anche in questo caso la quantificazione $\exists y$ non ha alcun ruolo in $\mathcal{P}_L$.

[1] PNF deriva da "prenex normal form", ossia "forma normale prenessa" (*sic*).

Rimane il caso in cui y è libera (e dunque non ha occorrenze vincolate) in $\mathcal{P}_L$. Allora la formula $\exists y \mathcal{P}_L$ è la desiderata PNF per F.

Caso 5: $F = \forall y L$. Simile al Caso 4.

La dimostrazione è completa. □

Esempio 16.8. Omettendo alcune parentesi per semplicità di scrittura, la forma normale prenesssa della formula $(\exists x \forall y Pxy) \vee ((\exists x Qx) \wedge (\forall y Qy))$ si ottiene scrivendo $(\exists x \forall y Pxy) \vee ((\exists z Qz) \wedge (\forall w Qw))$, e poi

$$\exists x \forall y \exists z \forall w (Pxy \vee (Qz \wedge Qw)). \tag{16.2}$$

I passi che trasformano F in $\mathcal{P}_F$ sono totalmente meccanici, e $\mathcal{P}_F$ è poco più lunga di F. Questo è un fatto generale.

Tutte le volte che la commutatività dei connettivi binari booleani lo permette, conviene dare la precedenza al quantificatore esistenziale: così per esempio l'enunciato $\forall x Px \wedge \exists y Qy$ si PNF-izza più convenientemente in $\exists y \forall x (Px \wedge Qy)$ che non in $\forall x \exists y (Px \wedge Qy)$. Attenzione! $\exists y \forall x Pxy$ non è equivalente a $\forall x \exists y Pxy$.

16.3 La skolemizzazione

Ora supponiamo che F sia un *enunciato*. Dunque la sua forma normale prenessa $\mathcal{P}_F = Q_1 x_1 \cdots Q_k x_k G$ soddisfa le condizioni (i)-(iii) del Teorema 16.7, e le variabili di $\mathcal{P}_F$ sono incluse nell'insieme $\{x_1, \ldots, x_k\}$.

Supponiamo che qualche quantificatore Q_i sia $\exists$.

Caso 1. $Q_1 = \exists$. Allora un *passo di skolemizzazione* consiste nel sostituire x_1 in G con una nuova costante a, e trasformare $\mathcal{P}_F$ nell'enunciato

$$sk(\mathcal{P}_F) = Q_2 x_2 \cdots Q_k x_k G(a, x_2, \ldots, x_k).$$

Caso 2. Il primo quantificatore esistenziale di $\mathcal{P}_F$ è preceduto da n quantificatori universali, $\mathcal{P}_F = \forall x_1 \cdots \forall x_n \exists x_{n+1} \mathbf{Qx} G$. Allora, detto f un nuovo simbolo di funzione a n posti, *un passo di skolemizzazione* di $\mathcal{P}_F$ produce l'enunciato

$$sk(\mathcal{P}_F) = \forall x_1 \cdots \forall x_n \mathbf{Qx}\ G(x_1, \ldots, x_n, f(x_1, \ldots, x_n), x_{n+2}, \ldots, x_k), \tag{16.3}$$

ottenuto sostituendo la variabile x_{n+1} in $\mathcal{P}_F$ con il termine $f(x_1, \ldots, x_n)$.

Dunque un passo di skolemizzazione elimina il quantificatore esistenziale più a sinistra in ogni enunciato che soddisfi le condizioni (i)-(iii) del Teorema 16.7, e produce un nuovo enunciato che soddisfa ancora queste condizioni.

Detto m il numero di quantificatori esistenziali in $\mathcal{P}_F$, applicando m passi di skolemizzazione abbiamo una successione finita di enunciati

$$\mathcal{P}_F \mapsto sk(\mathcal{P}_F) \mapsto sk(sk(\mathcal{P}_F)) \mapsto sk(sk(sk(\mathcal{P}_F))) \mapsto \ldots$$

che trasformano l'enunciato $\mathcal{P}_F$ nell'enunciato $\forall z_1 \cdots \forall z_{k-m} H$, ove H non contiene quantificatori, e le variabili z sono, nell'ordine, le variabili x_i di $\mathcal{P}_F$ quantificate universalmente. Chiamiamo $\forall z_1 \cdots \forall z_{k-m} H$ la *skolemizzazione* di $\mathcal{P}_F$.

Esempio 16.9. L'enunciato $\exists x \forall y Pxy$ si skolemizza in $\forall y Pay$. Allo stesso modo, $\forall x \exists y Gxy$ diviene $\forall x Gxf(x)$. L'enunciato $\exists x \exists y \forall z \forall w \exists v \exists t Pxv \wedge Qvwz \wedge Pyyxvt$ diviene $\forall z \forall w Paf(z,w) \wedge Qf(z,w)wz \wedge Pbbaf(z,w)g(z,w)$. Applicando due passi di skolemizzazione, l'enunciato (16.2) si trasforma in

$$\forall y \forall w (Pay \vee (Qf(y) \wedge Qw)). \tag{16.4}$$

Teorema 16.10 (Skolem). *Dato un* enunciato F, *supponiamo che la sua forma normale prenessa $\mathcal{P}_F$ abbia m quantificatori esistenziali. Sia $\mathcal{S}_F$ la formula ottenuta da $\mathcal{P}_F$ mediante m passi di skolemizzazione. Allora abbiamo:*

(i) ogni modello di $\mathcal{S}_F$ è anche un modello di F;

(ii) se $\mathcal{M}$ soddisfa F allora $\mathcal{S}_F$ ha un modello $\mathcal{M}'$ con lo stesso universo di $\mathcal{M}$ e la stessa interpretazione dei simboli di F;

(iii) F è soddisfacibile sse $\mathcal{S}_F$ è soddisfacibile.

Dimostrazione. È sufficiente considerare un solo passo di skolemizzazione. Inoltre, per il Teorema 16.7 possiamo supporre che F sia già in PNF, $F = \mathcal{P}_F$. Considereremo solo il Caso 2, di cui il Caso 1 è una variante banale. Sia $sk(\mathcal{P}_F)$ come in (16.3).

(i) Sia $\mathcal{N} = (N, *)$ un modello di $sk(\mathcal{P}_F)$. Per la Definizione 16.3 ciò significa che per ogni n-pla $d_1, \ldots, d_n$ di elementi di N vale

$$\mathcal{N}, d_1, \ldots, d_n, f^*(d_1, \ldots, d_n) \models \mathbf{Qx}\, G(x_1, \ldots, x_k).$$

A maggior ragione, per ogni n-pla $d_1, \ldots, d_n$ di elementi di N esiste un elemento $d \in N$ tale che $\mathcal{N}, d_1, \ldots, d_n, d, \models \mathbf{Qx}\, G(x_1, \ldots, x_k)$. Ancora per la Definizione 16.3 ciò significa che $\mathcal{N} \models \forall x_1 \cdots \forall x_n \exists x_{n+1} \mathbf{Qx} G$, ossia $\mathcal{N} \models \mathcal{P}_F$.

(ii) Sia $\mathcal{M} = (M, \natural)$ un modello di $\mathcal{P}_F$. Per la Definizione 16.3 abbiamo che, per ogni n-pla $e_1, \ldots, e_n$ di elementi di M esiste un elemento $e \in M$ tale che

$$\mathcal{M}, e_1, \ldots, e_n, e, \models \mathbf{Qx}\, G(x_1, \ldots, x_k).$$

Usando l'Assioma della Scelta[2] possiamo scrivere e come $e = s(e_1, \dots, e_n)$ per qualche funzione $s: M^n \to M$. Dunque per ogni $e_1, \dots, e_n \in M$ abbiamo

$$\mathcal{M}, e_1, \dots, e_n, s(e_1, \dots, e_n) \models \mathbf{Qx}\, G(x_1, \dots, x_k).$$

Sia $\sharp$ un'estensione della funzione $\natural$ ottenuta aggiungendo al dominio τ di $\natural$ un nuovo simbolo f di funzione n-aria, e ponendo $f^\sharp = s$. Sia $\mathcal{M}' = (M, \sharp)$. Allora per ogni $e_1, \dots, e_n \in M$ abbiamo

$$\mathcal{M}', e_1, \dots, e_n, f^\sharp(e_1, \dots, e_n) \models \mathbf{Qx}\, G(x_1, \dots, x_n, x_{n+1}, x_{n+2}, \dots, x_k)$$

e quindi $\mathcal{M}' \models \forall x_1, \cdots, \forall x_n \mathbf{Qx}\, G(x_1, \dots, x_n, f(x_1, \dots, x_n), x_{n+2}, \dots, x_k)$, ossia $\mathcal{M}' \models sk(\mathcal{P}_F)$.

(iii) segue immediatamente da (i) e (ii). □

16.4 Completezza, compattezza, modelli non standard

Come abbiamo visto, la skolemizzazione dell'enunciato F produce l'enunciato $\mathcal{S}_F = \forall z_1 \cdots \forall z_{k-m} H$, che gode della proprietà di *equisoddisfacibilità* dimostrata nel Teorema 16.10(iii), e in cui H è senza quantificatori. Le equivalenze della logica booleana (Teorema 9.4) continuano a valere immutate per tutte le formule della logica dei predicati. E dunque da H possiamo ottenere una formula CNF equivalente H'. Applicando 16.6(iv) otteniamo $\forall z_1 \cdots \forall z_n H \equiv \forall z_1 \cdots \forall z_n H'$. Dal momento che la skolemizzazione ha eliminato tutti i quantificatori esistenziali, cancellando $\forall z_1 \cdots \forall z_n$ e riscrivendo le clausole di H' in notazione insiemistica, otteniamo finalmente da F un insieme finito $\mathcal{C}_F$ di clausole.

Ad esempio, l'enunciato (16.4) diviene $\forall y \forall w((Pay \vee Qf(y)) \wedge (Pay \vee Qw))$ e poi $\{\{Pay, Qf(y)\}, \{Pay, Qw\}\}$.

Notando che le trasformazioni $F \mapsto \mathcal{P}_F \mapsto \mathcal{S}_F \mapsto \mathcal{C}_F$ dei Teoremi 16.7 e 16.10 sono ottenibili in maniera meccanica, il calcolo logico completo da noi sviluppato nei Teoremi 14.1 e 15.2 si estende ora a un calcolo logico altrettanto completo per la logica dei predicati con eguaglianza $\mathcal{L}$:

Teorema 16.11 (Teorema di completezza di Gödel). *Sia F un enunciato di $\mathcal{L}$. Sia $\mathcal{C}_F$ l'insieme di clausole ottenuto da F. Sia $\mathcal{C}_F^=$ l'insieme di clausole ottenuto aggiungendo a $\mathcal{C}_F$ gli assiomi dell'eguaglianza e di congruenza per tutte le relazioni e funzioni di $\mathcal{C}_F$. Sia H l'universo di Herbrand di $\mathcal{C}_F^=$. Allora F è insoddisfacibile sse $\square \in DPP(\mathcal{C}_F^=/H')$ per qualche sottinsieme finito H' di H.*

[2] Si tratta dell'affermazione che il prodotto cartesiano di un insieme non vuoto di insiemi non vuoti è non vuoto.

Ricordando il Teorema 14.2 otteniamo ora immediatamente questi due corollari:

Corollario 16.12 (Teorema di compattezza di $\mathcal{L}$ di Gödel). *Sia Θ un insieme infinito numerabile di enunciati della logica $\mathcal{L}$. Allora Θ è soddisfacibile sse ogni suo sottinsieme finito è soddisfacibile.*

Corollario 16.13 (Löwenheim, 1915 per Θ finito; Skolem, 1920, 1928 per il caso generale). *Sia Θ un insieme, finito o infinito numerabile, di enunciati di $\mathcal{L}$. Se Θ ha un modello, allora Θ ha un modello il cui universo è finito oppure è infinito numerabile.*

Da questo risultato segue che *nessun insieme finito o infinito numerabile Θ di enunciati può caratterizzare la struttura di anello $\mathcal{R}$ dei numeri reali*— nel senso che $\mathcal{R}' \models \Theta$ sse $\mathcal{R}'$ è isomorfo a $\mathcal{R}$: infatti, se $\mathcal{R} \models \Theta$, allora Θ ha anche un modello $\widetilde{\mathcal{R}}$ finito o infinito numerabile, ed evidentemente $\widetilde{\mathcal{R}}$ non è isomorfo a $\mathcal{R}$.

Le cose non vanno meglio per i numeri naturali:

Corollario 16.14. *Sia $\mathcal{N} = (\mathbb{N}, ^\natural)$ la struttura dei numeri naturali. Supponiamo che il tipo di τ di $\mathcal{N}$ contenga almeno un simbolo a per lo zero, un simbolo s per la funzione successore, e un simbolo G di predicato binario, ove Gxy si legge "x è maggiore di y". Sia Θ un elenco finito o infinito numerabile di enunciati di $\mathcal{L}$ e supponiamo che $\mathcal{N} \models \Theta$. Allora $\mathcal{N}' \models \Theta$ per qualche modello numerabile $\mathcal{N}' = (N', ^*)$ che, oltre ai soliti numeri "standard" $a^*, s^*(a^*), s^*(s^*(a^*)), \ldots$, contiene un elemento "nonstandard" maggiore di tutti gli elementi standard.*

Dimostrazione. Sia τ' il tipo ottenuto aggiungendo a τ una costante c. Sia Θ' l'insieme ottenuto aggiungendo a Θ questi nuovi enunciati:

$$Gca, \ Gcs(a), \ Gcs(s(a)), \ldots \tag{16.5}$$

Ogni sottinsieme finito di Θ' è soddisfacibile – ad esempio, dal modello $(\mathbb{N}, ^*)$ di tipo τ' in cui la funzione $*$ è un'estensione di $\natural$ al tipo τ', e c^* è un numero abbastanza grande. Questo segue dall'ipotesi che $\mathcal{N} \models \Theta$. Per il Corollario 16.12, Θ' è soddisfacibile. Per il Corollario 16.13, Θ' ha un modello numerabile $\mathcal{N}' = (N', ^*)$. Questo modello, in particolare, soddisfa tutti gli enunciati (16.5). Dunque in $\mathcal{N}'$ la costante c è interpretata da un elemento c^* non standard. □

Sia τ un tipo contenente simboli per l'addizione, la moltiplicazione, lo zero, l'uno, e per una reazione d'ordine $\leq$. Sia $\mathcal{A}$ un insieme di enunciati di tipo τ soddisfatto dai numeri reali. Allora $\mathcal{A}$ ha un modello $\mathcal{R}^*$ contenente *infinitesimi*, ossia elementi $\epsilon > 0$ ma minori di ogni numero della forma $\frac{1}{1+\ldots+1}$, e dunque minori di ogni reale "standard" > 0. Questo si dimostra come per il precedente corollario , usando la compattezza di $\mathcal{L}$: è sufficiente aggiungere a τ una nuova costante c, e aggiungere ad $\mathcal{A}$ la seguente lista di assiomi:

$$0 < c, \ c < 1, \ c \cdot (1+1) < 1, \ c \cdot (1+1+1) < 1, \ldots$$

Evidentemente $\mathcal{R}^*$ non soddisfa il principio archimedeo secondo cui per ogni due "grandezze" $x, y > 0$ esiste un $n \in \mathbb{N}$ tale che $nx > y$.

Esercizi

Trasformazione in clausole

1. Trasforma in un insieme di clausole ognuna di queste formule, in cui molte parentesi sono omesse per aiutare la lettura:

   a) $(\forall x Px) \wedge (\exists x Qx)$

   b) $(\exists x \forall y Pxy) \to (\neg \forall w \forall y Pwy)$

   c) $(\forall x Px) \to ((\forall x Qx) \to \forall x Sx)$

   d) $\forall x\{2 < x \wedge \forall y \forall z\ [y \cdot z = x \to (y = x \vee y = 1)] \to \exists u((u+u)+1 = x)\}$
   (questa formula, interpretata nei numeri naturali con il loro ordine e loro operazioni abituali, che proprietà enuncia ?)

   e) $((\forall x Px \to \forall y Dy) \to \forall y Sy) \to \forall y Ty$

   f) $(\forall x \exists y Dxy \wedge \forall y \exists z Byz) \to \forall x \exists y\ \exists z(Cxy \to Dyz)$

   g) $\forall x\{Ax \wedge \forall y[Pxy \to \exists z(f(x,z) = y)]\} \to \forall y Pxy$

   h) $\forall x(Cx \to \exists y Axy) \to \neg \exists x(Cx \to \forall y Ayx)$.

2. Formalizza in clausole usando il predicato di eguaglianza:

   a) Esistono per lo meno quattro particelle elementari.

   b) Per ogni coppia di punti distinti passa una e una sola retta.

   c) Ciascuna retta passa per almeno due punti distinti.

   d) Due rette hanno la stessa direzione sse sono uguali o se non hanno nessun punto in comune.

   e) Per ogni punto esterno ad una retta passa una e una sola parallela.

3. Sia Ax "x ha fatto tredici. Utilizzando quando necessario il predicato di eguaglianza formalizza in clausole ciascuna delle seguenti frasi:

   a) Almeno uno ha fatto tredici.

   b) C'è tutt'al più uno che ha fatto tredici.

   c) Uno e uno solo ha fatto tredici.

   d) Almeno in due hanno fatto tredici.

   e) Al massimo in due hanno fatto tredici.

f) Hanno fatto tredici solamente in due.

g) Se qualcuno ha fatto tredici, Luigi ha fatto tredici.

h) Se qualcuno ha fatto tredici, quello è unico.

4. Supponi che Pxy significhi "x è padre di y", Mxy significhi "x è madre di y", c indichi Carlo e d indichi Damiano. Le seguenti affermazioni esprimono relazioni familiari tra Carlo e Damiano: quali sono queste relazioni?

   a) $\exists x \exists y(Mxc \wedge Mxd \wedge Pyc \wedge Pyd)$

   b) $\exists x \exists y \exists z(Pxy \wedge Pxz \wedge Myc \wedge Pzd)$

   c) $\exists x(Pcx \wedge Mxd)$

   d) $\exists x(Pcx \wedge Pxd)$.

5. Utilizzando i predicati P e M e le costanti c e d dell'esercizio precedente, formalizza in clausole le seguenti frasi:

   a) Carlo è il nonno paterno di Damiano;

   b) Carlo e Damiano sono fratelli;

   c) Carlo e Damiano non hanno gli stessi genitori;

   d) Carlo e Damiano hanno la stessa nonna materna;

   e) Il padre di Damiano è figlio unico.

6. Scrivi in clausole la seguente affermazione, usando il predicato Sxy per "x ama suonare con y", e i predicati Vz e Pu rispettivamente per "z è violoncellista" e "u è pianista:

   ogni violoncellista ama suonare con ogni pianista, oppure non ama suonare con nessun pianista, oppure ama suonare con qualche violoncellista.

7. Trasforma in un insieme di clausole *la negazione della frase seguente:*

   se per ogni innocente c'è un giudice che lo assolve, allora per ogni colpevole c'è un giudice che lo condanna.

   Per convenzione: "colpevole = non innocente", e "condanna = non assolve".

8. Scrivi in clausole:

   a) *La dea bendata aiuta tutti gli impavidi e aiuta anche qualche pavido.*

b) *Se ogni cosa è mossa da qualche cosa allora esiste una cosa che è mossa solo da se stessa.*

c) *Se esiste almeno un extraterrestre, allora ne esistono almeno due.*

d) *Se c'è stato uno e un solo vincitore della lotteria, allora o Carlo non ha vinto o Beatrice non ha vinto.*

9. Scrivi in clausole e trova un modello che soddisfi le clausole:

   a) *Ogni manicheo condanna tutti gli apostati oppure non ne condanna nessuno.*

   b) *Ogni sportivo ammira qualche portiere, ma c'è qualche portiere che non tutti gli sportivi ammirano.*

   c) *Se ogni cosa è mossa da qualche cosa allora esiste una cosa che muove ogni cosa e non è mossa da nessuna altra cosa.*

La conseguenza logica

1. In questi esercizi, scrivendo $P \not\models T$ intendiamo che la tesi T (scritta a destra) non è conseguenza della premessa P.[3] Trova dunque un modello che soddisfi la premessa e la negazione N della tesi.

   a) $\forall x Px \to \forall x Qx \not\models \forall x(Px \to Qx)$

   b) $\exists x(Px \to Qx) \not\models \exists x Px \to \exists x Qx$

   c) $\exists x Px \leftrightarrow \exists x Qx \not\models \exists x(Px \leftrightarrow Qx)$

   d) $\forall x Px \leftrightarrow \forall x Qx \not\models \forall x(Px \leftrightarrow Qx)$

   e) $\exists x Px \wedge \exists x Qx \not\models \exists x(Px \wedge Qx)$.

2. In questi esercizi la tesi T è conseguenza della premessa P. Formalizza in clausole P e la negazione di T. Calcola una refutazione delle clausole così ottenute, istanziandole opportunamente sull'universo di Herbrand, e applicando DPP.

   a) $\exists x \forall y Pxy \models \exists x Pxf(x)$

   b) $\exists x(Px \wedge Qx) \models \exists x Px \wedge \exists x Qx$

   c) $\exists x(Px \vee Qx) \models \exists x Px \vee \exists x Qx$

   d) $\forall x \forall y Pxy \models \forall y \forall x Pxy$

[3] Questa è una notazione abusiva, perché il $\models$ è già stato impegnato, con un altro significato, per la semantica tarskiana. Tuttavia il contesto permette di distinguere i due usi di questo simbolo.

e) $\exists x \exists y Pxy \models \exists y \exists x Pxy$

f) $\forall x \forall y Pxy \models \forall x Pxx$

g) $\forall x Pxf(x) \models \forall x \exists y Pxy$

h) $\forall x(Px \leftrightarrow Qx) \models \exists x Px \leftrightarrow \exists x Qx$

i) $\exists x Px \rightarrow \exists x Qx \models \exists x(Px \rightarrow Qx)$.

Soluzione dell'ultimo esercizio:

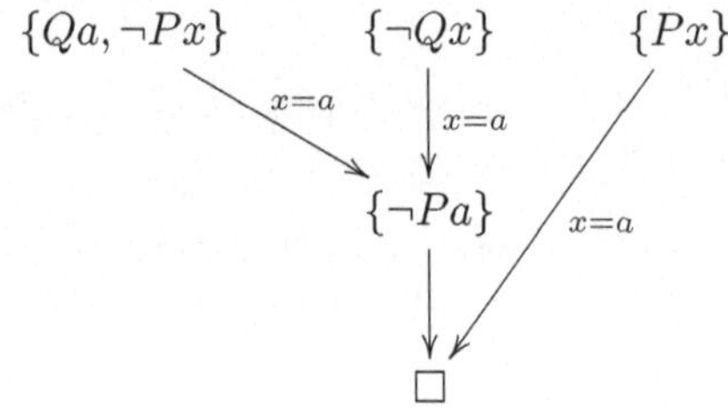

3. In ciascuno dei seguenti esercizi formalizza in clausole la premessa e la negazione della tesi. Sia S l'insieme così ottenuto. Se la tesi è conseguenza della premessa calcola una refutazione di S. Altrimenti trova un modello.

   a) $\forall x \exists y Pxy \models \exists x \exists y Pf(x,y)y$

   b) $\forall x \forall y Pxy \models \forall y Pyy$

   c) $\forall x(Px \vee Qx) \models \exists x(Px \vee Qx)$

   d) $\forall x \exists y Pxy \models \exists y Pyy$

   e) $\forall x \forall y(y = x) \models \forall y(y = a)$

   f) $\exists x Px \vee \forall x Qx \models \forall x(Px \vee Qx)$.

4. Verifica queste tautologie, mostrando che ciascuna di esse è conseguenza degli assiomi dell'eguaglianza. Procedi con il metodo refutazionale, negando la formula, scrivendo la negazione in clausole e utilizzando gli opportuni assiomi dell'eguaglianza.

   a) $\forall x \forall y[x = y \rightarrow (Txyx \rightarrow Tyxy)]$

   b) $\forall x \forall x' \forall y \forall y' \, [(x = x' \wedge y = y') \rightarrow g(f(x,y)) = g(f(x',y'))]$

c) $\forall x \forall y \forall z[(x = y \wedge y = z \wedge Pxz) \rightarrow Pyy]$

d) $\forall x \forall y[x = y \rightarrow (Pxy \rightarrow Pxx)]$

e) $\forall x \forall x' \forall y \forall y' \, [(x = x' \wedge y = y') \rightarrow f(f(x, y), x) = f(f(x', y'), x)]$

f) O la Terra è l'unico pianeta abitato da violinisti, o almeno due violinisti abitano in pianeti diversi.

5. Valuta quali dei seguenti enunciati sono tautologie. Se un enunciato E è una tautologia, calcola una refutazione dell'enunciato $\neg E$, dopo aver trasformato $\neg E$ in un insieme di clausole. Se E non è una tautologia descrivi un modello di $\neg E$, preferibilmente con pochi elementi.

a) $\forall x \exists y(Pxy \rightarrow Pyx)$

b) $\forall x \forall y[(Px \leftrightarrow Py) \rightarrow x = y]$

c) $(\exists x \forall y(x = y)) \rightarrow (\forall x Px \vee \forall x \neg Px)$

d) $(\exists x Pxx) \rightarrow ((\forall y \forall w \neg Pyw) \rightarrow \exists t Ptt)$.

6. Con il metodo refutazionale dimostra che la tesi è conseguenza logica della premessa:

$$\frac{\forall x \forall y(x = a \vee x = y)}{\forall u f(u) = f(f(u))}$$

Soluzione (abbreviata):

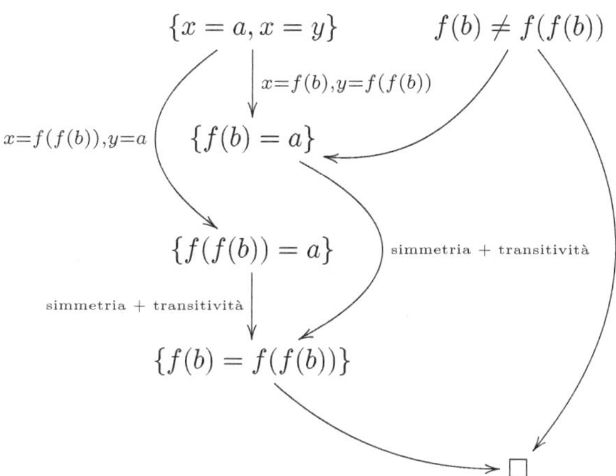

7. Per ciascuno dei seguenti esercizi scrivi in clausole le premesse e la negazione della tesi. Valuta se la tesi è conseguenza delle premesse. In tale caso, usando gli assiomi dell'eguaglianza dai una refutazione formale delle premesse P e della negazione N della tesi. Altrimenti costruisci un modello con uguaglianza per P ed N.

   a) $\forall x \forall y \; x = y$

   $\forall u \forall v \; f(u) = f(v)$

   b) $\forall x \forall y \; x \neq y$

   $\forall u \forall v \; (f(u) = f(v) \wedge \neg g(u) = g(v))$

   c) $\forall x \forall y \; (x = a \vee y = b)$
   $f(a, b) = f(b, a)$

   $\forall z \;\; f(a, z) = f(z, a)$

8. Senza usare il teorema di completezza, verifica che la congiunzione dei primi tre assiomi dell'eguaglianza non può essere refutata. [4]

9. Verifica che la tesi è conseguenza delle premesse, usando il metodo refutazionale e gli opportuni assiomi dell'eguaglianza:

   $g(a, b) = g(b, a)$
   $\forall z \;\; (z = a \vee z = b)$

   $\forall x \;\; g(a, x) = g(x, a)$

   Suggerimento: Sia $\{g(a, c) \neq g(c, a)\}$ la negazione della tesi, skolemizzata, ove $p \neq q$ sta per $\neg p = q$. Con l'assioma di congruenza per g e l'assioma di simmetria otteniamo $\{c \neq a\}$; risolvendo con un'opportuna istanziazione della seconda premessa otteniamo $\{c = b\}$; risolvendo con l'assioma di congruenza per g otteniamo $\{a \neq a, g(a, c) = g(a, b)\}$, e quindi per riflessività, $g(a, c) = g(a, b)$; da $\{c = b\}$ abbiamo anche $\{g(b, a) = g(c, a)\}$; applicando la transitività e utilizzando la prima premessa abbiamo $\{g(a, c) = g(c, a)\}$, e quindi la clausola vuota.

---

[4]Per Frege questo esercizio forse sarebbe futile, essendo evidente la soddisfacibilità degli assiomi dell'eguaglianza (addirittura è evidente la loro validità in ogni modello).

10. (*Perché uno più uno fa due*) Verifica che la tesi è conseguenza delle premesse, usando il metodo refutazionale e gli opportuni assiomi dell'eguaglianza:

$$\begin{array}{l} \forall x \forall y \; f(x, s(y)) = s(f(x, y)) \\ \forall x \; f(x, o) = x \\ \hline f(s(o), s(o)) = s(s(o)) \end{array}$$

Soluzione: Istanziando le due premesse ricaviamo

$$\{f(s(o), s(o)) = s(f(s(o), o))\} \text{ e } \{f(s(o), o) = s(o)\}.$$

Da questa ultima clausola, risolvendo con una certa istanziazione dell'assioma di congruenza di s otteniamo $\{s(f(s(o), o)) = s(s(o))\}$; applicando la transitività abbiamo $\{f(s(o), s(o)) = s(s(o))\}$. Risolvendo con la negazione della tesi abbiamo la clausola vuota.

11. I due assiomi dell'esercizio precedente definiscono l'addizione utilizzando la funzione successore, ma non riescono a dimostrare che $0 \neq 1$, e che $0 \neq 2$. Ricordando quanto abbiamo scritto a pagina 60, aggiungi opportuni assiomi per i numeri naturali, e dimostra che $0 \neq 3$. Scrivi poi due assiomi per la moltiplicazione, e convinciti che le caselle della tabellina pitagorica ($1 \times 1 = 1$, $1 \times 2 = 2, \ldots,$) sono conseguenze degli assiomi.

12. Dimostra questa affermazione, ottenendo la clausola vuota dalle premesse e dalla negazione della tesi:

    Sia R una relazione simmetrica, transitiva, e con la seguente proprietà: per ogni x esiste un y tale che Rxy. Allora R è riflessiva.

13. Verifica questa tautologia mostrando che è conseguenza logica degli assiomi dell'eguaglianza:

$$\forall x \forall x' \forall y \forall y' [(x = x' \wedge y = y') \rightarrow g(f(x), y) = g(f(x'), y')].$$

14. Verifica che questo enunciato è una tautologia, oppure trova un modello della sua negazione: $(\exists x \forall y Axy) \rightarrow (\forall u \exists v Avu)$.

15. Verifica che questo enunciato è una tautologia, oppure trova un modello della sua negazione: $(\forall x \forall y \; (x = a \vee y = a)) \rightarrow (\forall z \; f(a, z) = f(z, a))$.

Conseguenza logica, modelli e linguaggio naturale

Per ciascuno di questi esercizi scrivi in clausole le premesse e la negazione della tesi, ottenendo un insieme S di clausole. Se la tesi è conseguenza delle premesse calcola una refutazione di S, utilizzando gli assiomi dell'eguaglianza quando necessario. Altrimenti trova un modello per S, preferibilmente con pochi elementi; quando il simbolo $=$ occorre in S trova un modello con eguaglianza:

1. Ogni francescano è povero
   ogni commercialista non è povero
   ___
   non esistono commercialisti francescani

   Soluzione. Premesse: $\{\neg Fx, Px\}, \{\neg Cy, \neg Py\}$; negazione della tesi "esiste un commercialista francescano", ossia "esiste un essere x che è commercialista e francescano", $\exists z(Cz \wedge Fz)$. Per eliminare il quantificatore esistenziale, con la skolemizzazione diamo un nome, per esempio a per "Arturo", a uno degli esistenti commercialisti francescani, a nostra scelta; l'unica condizione che dobbiamo rispettare è che Arturo sia un nome nuovo per questo esercizio.[5] Allora la negazione della tesi diviene "Arturo è un commercialista francescano", che si formalizza nelle *due* clausole $\{Ca\}$ e $\{Fa\}$. L'universo di Herbrand di questo esercizio è il singoletto $\{a\}$. Dunque non abbiamo problemi a scegliere istanziazioni che ci portino velocemente alla clausola vuota. Istanziando le prime due clausole otteniamo $\{\neg Fa, Pa\}$ e $\{\neg Ca, \neg Pa\}$. Ora siamo nella logica proposizionale ed è facile refutare le clausole $\{\neg Fa, Pa\}$, $\{\neg Ca, \neg Pa\}, \{Ca\}, \{Fa\}$. Ottenuta dunque la clausola vuota abbiamo "dedotto" la tesi dalle premesse con un calcolo puramente formale. Nessuno cercherà un mondo possibile dove valgono le premesse e la negazione della tesi. Infatti, sia $\mathcal{M} = (M, ^*)$ un modello di tipo $\{F, P, C, a\}$. Nel mondo possibile descritto da $\mathcal{M}$ le parole "francescano", "commercialista", "povero", e "Arturo" hanno significati assolutamente arbitrari: F^*, P^*, C^* devono solo essere sottinsiemi dell'universo M, e a^* deve essere un suo elemento. Ebbene, pur con questa assoluta libertà, se $\mathcal{M}$ soddisfa le premesse, non può soddisfare la negazione della tesi, e dunque $\mathcal{M}$ soddisferà la tesi.

2. Ogni lepre teme qualche volpe
   Bic non teme nessuno
   ___
   Bic non è una lepre

[5] L'idea che *esistere=avere ricevuto un nome proprio* ha una storia millenaria, e continua a valere per i documenti nel nostro computer: cancellare un file vuol dire togliergli il nome.

Suggerimento: Le premesse si formalizzano in $\mathcal{L}$ con gli enunciati $\forall x(Lx \to \exists y(Vy \land Txy))$ e $\forall z \neg Tbz$, da cui si ottengono le clausole

$$\{\neg Lx, Vf(x)\}, \ \{\neg Lx, Txf(x)\}, \ \{\neg Tbz\}.$$

La negazione della tesi è la clausola $\{Lb\}$. È facile refutare queste clausole: infatti, già le ultime tre sono refutabili.

3. Ogni ungulato è vertebrato: $\forall x(Ux \to Vx)$
   il padre di ogni ungulato è ungulato: $\forall y(Uy \to Up(y))$
   Bic non è vertebrato: $\neg Vb$

   Bic non è il padre di nessun ungulato: $\neg\exists z(Uz \land b = p(z))$

4. Per ogni sfortunato c'è qualche capra che lo morde
   Alf è sfortunato
   Bic è una capra sfortunata

   Bic morde Alf

   Suggerimento: La formalizzazione in $\mathcal{L}$ dà gli enunciati
   $\forall x(Sx \to \exists y(Cy \land Myx))$
   Sa
   $Sb \land Cb$

   Mba

   Occorre mettere in clausole le premesse e la negazione della tesi, e poi trovare un modello che soddisfa tutte queste clausole.

5. Ogni A è B
   la madre di ogni B è B
   Ada non è A
   Ada non è B

   Ada non è la madre di nessun A

6. Dimostra la validità dei seguenti sillogismi aristotelici:

   a) qualche A è B
      ogni B è C

      ---

      qualche C è A

b) qualche A è B
ogni B è C

---

qualche A è C

c) qualche A è B
nessun C è B

---

qualche A non è C

7. Ogni pugile teme qualche mancino
ogni mancino teme qualche non mancino
Alf è un pugile non mancino

---

o Alf teme qualche non mancino, oppure Alf è temuto da qualcuno

8. Ogni progressista ammira qualche conservatore
chi non è progressista è conservatore
Alf non ammira nessun conservatore

Alf è conservatore

Soluzione abbreviata (non sono indicate le istanziazioni):

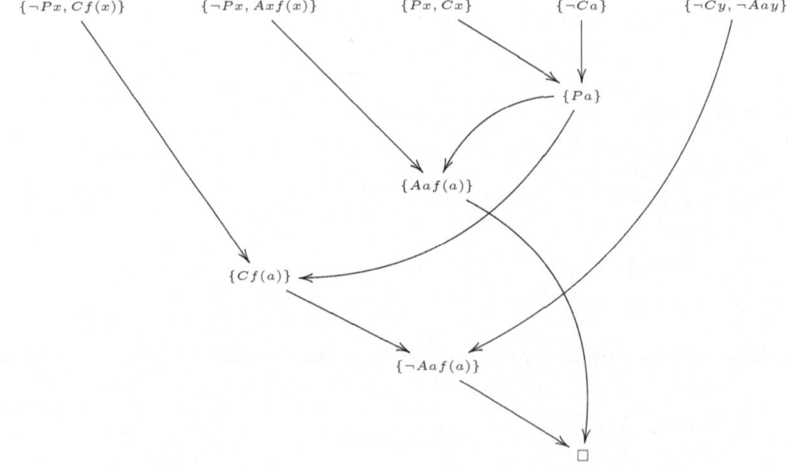

9. (*Logica e barbieri*) Una sola tra queste tre deduzioni è valida:

a) Ogni megabarbiere rade tutti coloro che non si radono da sé

---

non c'è nessun megabarbiere

b) Ogni burobarbiere rade solamente chi non si rade da sé

---

non c'è nessun burobarbiere

c) Ogni megaburobarbiere rade tutti coloro e solo coloro che non si radono da sé

---

non c'è nessun megaburobarbiere

Suggerimento:

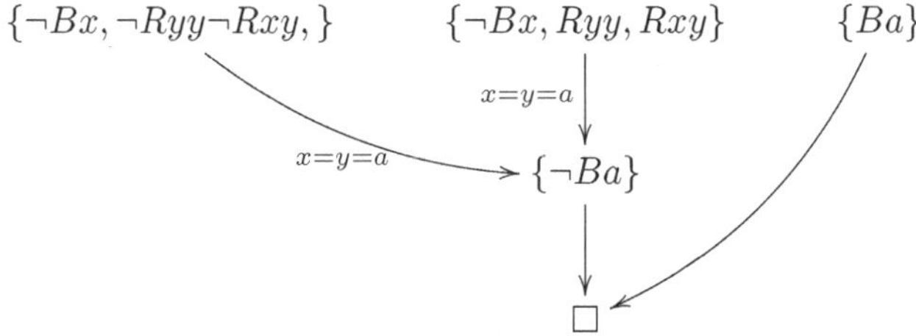

10. Ogni stupido ascolta chiunque gli promette mari e monti
Alf promette mare e monti a tutti

C'è qualcuno che è ascoltato da tutti

Soluzione: Le tre clausole $\{\neg Sx, \neg Py, Axy\}, \{Pa\}, \{\neg Af(x)x\}$ sono soddisfatte dal modello $\mathcal{M} = (M,^*)$ in cui $M = \{1\}$, $P^* = M$, $S^* = \emptyset = A^*$, $f^*(1) = 1$.

11. Ogni ladro teme ogni guardia
ogni guardia teme qualche ladro
qualche guardia teme ogni ladro
Antonio teme ogni ladro e ogni guardia

Antonio è una guardia o è un ladro

12. Ogni tuffatrice svedese è nuotatrice: $\forall x((Tx \wedge Sx) \rightarrow Nx)$
ogni dentista svedese non è nuotatrice: $\forall y((Dy \wedge Sy) \rightarrow \neg Ny)$
la mamma di ogni svedese è svedese: $\forall z(Sz \rightarrow Sm(z))$

Annika non è la mamma di nessuno svedese, o non è dentista o non è tuffatrice: $(\neg\exists t(St \wedge a = m(t))) \vee \neg Da \vee \neg Ta$

13. Ogni stupido crede a chiunque gli parla
    Alf non crede a nessuno
    Alf è stupido

    Nessuno parla ad Alf

14. ogni A è B e ogni B è C
    non ogni C è A

    ---

    o qualche B non è A, oppure qualche C non è B

15. Ogni ambizioso lotta contro qualcun altro
    Ark lotta solo contro se stesso

    Ark non è ambizioso

    Soluzione:

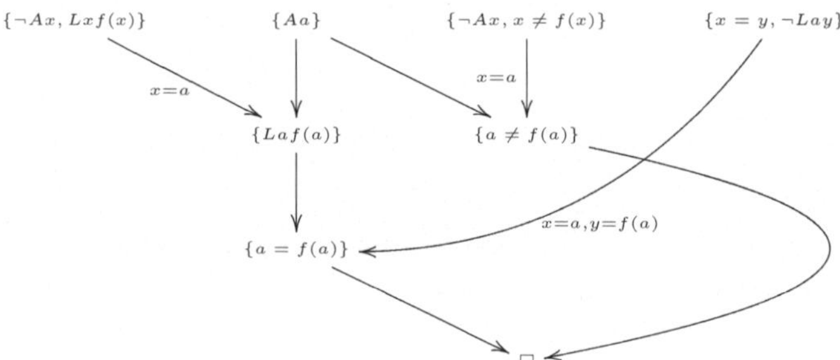

16. Ogni due diversi abitanti di Rio Bo hanno mamme diverse
    Aldo e il signor Palazzi hanno la stessa mamma

    ---

    o Aldo o il signor Palazzi non sono abitanti di Rio Bo

17. ogni rigorista ammira qualche portiere
    ogni portiere ammira qualche rigorista
    Alf ammira solo se stesso

    ---

    o Alf non è un portiere, oppure è un rigorista

Soluzione abbreviata, senza l'indicazione delle istanziazioni ground, e senza esplicitare l'uso delle clausole di congruenza:

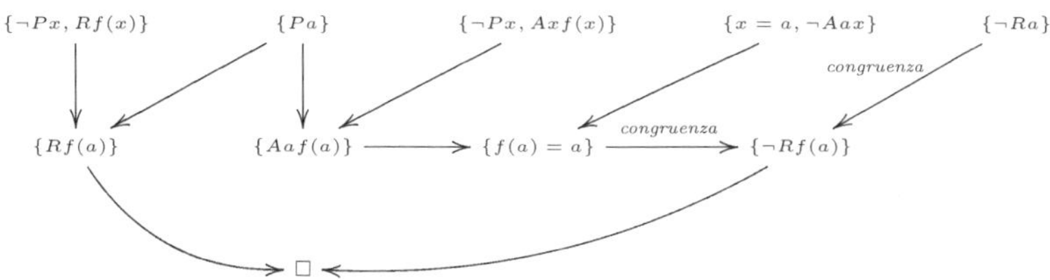

18. Ogni pugile teme qualche mancino
ogni mancino teme qualche non mancino
Alf è un pugile mancino

Alf teme almeno due persone

19. Esistono esattamente due elementi in A
R è una relazione riflessiva e transitiva in A

R è simmetrica

20. Scrivi i tre assiomi (riflessività, antisimmetria, transitività) che definiscono una relazione d'ordine parziale M. Con il metodo refutazionale ricava alcune proprietà elementari di M. Le più semplici sono: esiste al più un massimo elemento; se esiste un massimo elemento allora esso è anche massimale, ossia non è strettamente dominato da nessun elemento.

21. Con riferimento all'Esercizio 5 di pagina 53, confronta le seguenti due deduzioni:

non esistono i marziani: $\neg\exists x Mx$

---

non è vero che se Alf viaggia ne incontra: $\neg(Va \to \exists y(My \land Iay))$

e

non esistono i marziani

---

sia che viaggi, sia che non viaggi, Alf non ne incontra

Verifica che una sola delle due deduzioni è valida.

22. Considera la frase:

    C'è qualcuno che, se lui vota per Ottavio allora tutti votano per Ottavio.

    Scrivi in clausole la sua negazione e refutala. Dunque la frase è una tautologia – benché il nostro modo quotidiano di intendere quel "se" e quel "c'è qualcuno" non ci aiuti a capire che la frase è infallibilmente vera in tutti i mondi possibili. Può questa tautologia essere usata da Ottavio per fare il pieno di voti?

23. Per ognuna delle seguenti frasi, se non è una tautologia trova un modello che soddisfa la negazione; se è una tautologia refuta la negazione:

    (a) *C'è qualcuno che, se lui vota per Ottavio, qualcun altro vota per Ottavio.*

    (b) *C'è qualcuno che, se lui vota per Ottavio allora tutti votano per Ottavio, ma se lui non vota per Ottavio allora nessuno vota per Ottavio.*

    (c) *C'è qualcuno che, se lui vota per Ottavio allora tutti votano per Ottavio, e c'è qualcuno che, se lui non vota per Ottavio allora nessuno vota per Ottavio.*

    (d) *C'è qualcuno che, se lui vota per Ottavio allora Ottavio vota per se stesso.*

    (e) *C'è qualcuno che, se lui non vota per Ottavio allora Ottavio vota per se stesso.*

    (f) *C'è qualcuno che, se lui non vota per Ottavio allora Ottavio non vota per se stesso.*

17

Considerazioni finali

Abbiamo preparato un formidabile apparato simbolico, con il suo calcolo logico, e possiamo lanciarlo nel vasto campo della matematica per cui fu costruito. Ad esempio, se vogliamo dedicarci allo studio del problema dei primi gemelli $p, p+2$ introdotto a pagina 59 non possiamo fare altro che accettare assiomi per i numeri naturali, o per gli insiemi, e poi metterci a calcolare conseguenze degli assiomi mentalmente, o con l'aiuto di lemmi e teoremi ottenuti in precedenza, o anche con l'aiuto del computer che ci regala primi gemelli con più di centomila cifre decimali, e quindi sembra suggerirci che i primi gemelli sono un'infinità. Il teorema di completezza ci assicura che nessuna conseguenza degli assiomi sfuggirà al calcolo logico.

Quello che per i fisici è il metodo sperimentale, per i matematici è il metodo assiomatico. Esso si è dimostrato così potente da avere effetti anche sulla fisica. Per esempio, l'analisi delle possibili geometrie ottenibili abolendo uno degli assiomi euclidei produsse modelli apparentemente esoterici, ma che successivamente sono stati utilizzati anche in fisica. Nel 1899 Hilbert pubblicò un libro (*Grundlagen der Geometrie*) dedicato alla fondazione assiomatica della geometria. Nel 1903 Poincaré commentava:

> Non è stato facile come si sarebbe potuto pensare: ci sono assiomi evidenti e assiomi invisibili, i quali vengono introdotti inconsciamente, alla chetichella. È definitiva la lista del Professor Hilbert? Possiamo prenderla per tale, perché appare stilata meticolosamente.

Poincaré sembra chiedersi se la lista di assiomi di Hilbert sia completa, ossia se basti per decidere tutte le congetture geometriche. Forse Poincaré si chiede anche se questa domanda sia importante per lo sviluppo della geometria. Sta di fatto che se la lista non è completa qualcuno dovrà fare un'aggiunta, e sicuramente gli assiomi da aggiungere saranno sorprendenti, visto che sono sfuggiti persino al professor Hilbert.

Il problema della completezza si pone anche per i numeri: da Cartesio in poi i numeri reali, con le loro equazioni e disequazioni si erano mostrati cruciali per trattare ogni ente geometrico, al punto di divenire indispensabili

Mundici D.: Logica: Metodo Breve.

per definire enti geometrici in spazi di dimensioni arbitrarie. Siccome i numeri reali si costruiscono a partire dai razionali, e questi si costruiscono con i numeri interi, sorse spontanea la domanda: *che cosa sono i numeri naturali?* E così Dedekind, Peano e altri proposero assiomi per i numeri naturali ancor prima dei *Grundlagen der Geometrie.*

Con una manciata di semplici assiomi per l'addizione e la moltiplicazione, come quelli di pagina 60, il calcolo logico ci permette di ricavare i cento piccoli teoremi della tabellina pitagorica. Proseguendo potremo dimostrare molti risultati più profondi dell'aritmetica, tra cui il teorema euclideo sull'infinità dei numeri primi. Ma i nostri assiomi saranno comunque solo una caricatura del Principio di Minimo, equivalente al Principio di Induzione, il quale dice che "*ogni insieme* non vuoto X di numeri naturali ha un minimo elemento."

Questo quantificatore universale $\forall X$ è molto diverso dal quantificatore $\forall x$ usato finora, che fa variare la variabile x sull'universo M del modello e non sui sottinsiemi di M. L'esigenza di esprimere il Principio di Induzione con il quantificatore universale della logica $\mathcal{L}$ richiede di allargare l'orizzonte, introducendo assiomi non più per la totalità dei numeri naturali, ma per la totalità degli insiemi, e definendo $\mathbb{N}$ e i suoi sottinsiemi come *elementi* di questa totalità.

Nel predisporre una lista $\mathcal{A}$ di assiomi per gli insiemi, o per qualsiasi sistema di enti matematici, si deve assolutamente evitare questo:

Male Maggiore, l'Incoerenza (= Refutabilità). In altre parole, da $\mathcal{A}$ il calcolo logico ricava la clausola vuota. Dunque, per ogni enunciato E, sia E che $\neg E$ sono conseguenze di $\mathcal{A}$. Quindi $\mathcal{A}$ è insoddisfacibile, non distingue il vero dal falso e non assiomatizza nessun modello.

Ad esempio, Frege, il padre della logica dei predicati, congetturò che per ogni formula $F(x)$ di $\mathcal{L}$ esista un insieme costituito precisamente dagli elementi x che soddisfano $F(x)$. In particolare quando $F(x)$ è la formula $x \notin x$, che esprime la proprietà di non appartenere a se stessi, dovremmo ammettere l'assioma $\exists s \forall x(x \in s \leftrightarrow x \notin x)$. Ma il calcolo logico agevolmente ricava la clausola vuota da questo enunciato (*ultimo esercizio di questo manuale*).

Evitato il male maggiore, si dovrebbe evitare quest'altro:

Male Minore, l'Incompletezza. Nello stesso tipo di $\mathcal{A}$ esiste un enunciato E *indecidibile*, nel senso che né E né $\neg E$ è conseguenza di $\mathcal{A}$. Un tale insieme di assiomi $\mathcal{A}$ è detto *incompleto*, perché non riesce a decidere quale dei due tra E e $\neg E$ valga nel modello che speravamo di assiomatizzare.

Nel 1931 Gödel dimostrò un mirabile *Teorema di Incompletezza*, per la cui piena comprensione è necessario un secondo corso di Logica in cui si definisca matematicamente la nozione di "algoritmo", o di "sistema formale". Un corollario enunciabile con i mezzi a nostra disposizione dice che ogni nostro tentativo di assiomatizzare gli insiemi o i numeri naturali, se riesce ad evitare il male maggiore, non eviterà il male minore.

Più precisamente, *sia* $\mathcal{A}$ *un insieme finito di enunciati di un tipo* $\tau \supseteq \{f, g\}$, *e sia* $\mathcal{N} = (\mathbb{N}, ^*)$ *il modello dei numeri naturali con* $f^* =$ *l'addizione e* $g^* =$ *la moltiplicazione. Allora se* $\mathcal{N} \models \mathcal{A}$ *esiste un enunciato* E *di tipo* τ *tale che* $\mathcal{N} \models E$ *ma* E *non è conseguenza di* $\mathcal{A}$.

Dunque, pur essendo E aritmeticamente vero, non è conseguenza di $\mathcal{A}$. Ma neppure $\neg E$ è conseguenza di $\mathcal{A}$, perché altrimenti dall'ipotesi $\mathcal{N} \models \mathcal{A}$ seguirebbe $\mathcal{N} \models \neg E$, e quindi $\mathcal{N} \models E \wedge \neg E$, il che è impossibile. In conclusione, $\mathcal{N}$ non ammette una lista finita e completa di assiomi.

Il teorema di incompletezza di Gödel, di cui questo corollario è solo un assaggio, è uno dei più importanti risultati della matematica del XX secolo. Esso dà espressione matematica alla distinzione tra i numeri "numerati", ossia i numeri da noi percepiti concretamente sul pallottoliere e manipolati nel calcolo, e i numeri "numeranti", ossia la struttura $\mathcal{N}$ che sta alla base delle nostre percezioni e manipolazioni. Tale distinzione forse risale alla scuola pitagorica, e attraverso Plotino viene ripresa da Sant'Agostino (Confessioni, §10.12) e altri.

Il calcolo logico di $\mathcal{L}$ è certamente in grado di derivare *tutte* le conseguenze dell'insieme $\mathcal{A}$ dei nostri assiomi, ma $\mathcal{A}$ è carente: lascia in sospeso qualche problema E riguardante l'addizione e la moltiplicazione – mentre forse noi ci illudevamo che i nostri assiomi contenessero tutta la verità sulle quattro operazioni. Che proprietà dell'addizione e della moltiplicazione esprimibile in $\mathcal{L}$ può essere sfuggita ai matematici per tutti questi millenni di contemplazione di $\mathcal{N}$? Difficile dirlo, tanto più che il Teorema di Incompletezza di Gödel ci informa che qualora $\mathcal{A}$ venisse sostituito da un più ricco insieme $\mathcal{A}'$ di assiomi, anche $\mathcal{A}'$ lascerà in sospeso qualche congettura E', sempre che $\mathcal{A}'$ sia coerente.

Potremmo allora pensare che l'incompletezza sia dovuta alla povertà espressiva di $\mathcal{L}$ chiaramente messa in luce dai corollari finali di questo manuale. Perché fermarsi alla logica dei predicati con eguaglianza $\mathcal{L}$? Una ragione potrebbe essere il teorema dimostrato nel 1965 da Lindström, secondo cui *ogni estensione della logica* $\mathcal{L}$ *o è priva della proprietà di compattezza, o non ha la proprietà di Löwenheim*, che noi abbiamo dimostrato per $\mathcal{L}$ nel Corollario 16.13. Dunque, ogni arricchimento di $\mathcal{L}$ dovrà fare i conti con la perdita di almeno uno di questi due ingredienti importanti per la completezza del calcolo logico di $\mathcal{L}$.

Ad esempio, aggiungendo un nuovo quantificatore $\exists_\infty x$ che dice "ci sono infinitamente molti x", potremmo scrivere $\forall n \neg \exists_\infty x \; x < n$, e così bandire i numeri nonstandard, evitando la patologia del Corollario 16.14. Ma come abbiamo visto ripetutamente in questo manuale, ad ogni arricchimento dell'apparato simbolico corrisponde una complicazione maggiore del calcolo logico: il calcolo per i connettivi booleani $\vee, \wedge, \neg$ e le variabili proposizionali è assai più semplice del calcolo operante sul più ricco apparato simbolico $\vee, \wedge, \neg, \forall, \exists$ con predicati, funzioni, variabili e costanti. Un'ulteriore complicazione è derivata dall'incorporare il simbolo di eguaglianza, per raggiungere il pieno potere espressivo di $\mathcal{L}$.

Il prezzo da pagare aggiungendo a $\mathcal{L}$ il quantificatore $\exists_\infty$ è troppo alto: nella logica così ottenuta non può esistere un calcolo logico completo. Anche se tentassimo altre logiche più espressive e altri assiomi, il Teorema di Incompletezza di Gödel ci dice che la verità contenuta nell'infinità additiva-moltiplicativa dei numeri naturali, comunque venga assiomatizzata, non è *tutta* raggiungibile da nessun calcolo logico. Quello che vale per la struttura $(\mathbb{N}, +, \cdot, 0, 1)$ vale ovviamente per ogni struttura più complessa.

Ma forse nemmeno una verità matematica così profonda e generale sfiora i problemi posti dal protagonista dell'Esercizio 9 di pagina 89.

Indice analitico

Indice analitico

Collana Unitext - La Matematica per il 3+2

a cura di

A. Quarteroni (Editor-in-Chief)
P. Biscari
C. Ciliberto
G. Rinaldi
W.J. Runggaldier

Volumi pubblicati. A partire dal 2004, i volumi della serie sono contrassegnati da un numero di identificazione. I volumi indicati in grigio si riferiscono a edizioni non più in commercio.

A. Bernasconi, B. Codenotti
Introduzione alla complessità computazionale
1998, X+260 pp, ISBN 88-470-0020-3

A. Bernasconi, B. Codenotti, G. Resta
Metodi matematici in complessità computazionale
1999, X+364 pp, ISBN 88-470-0060-2

E. Salinelli, F. Tomarelli
Modelli dinamici discreti
2002, XII+354 pp, ISBN 88-470-0187-0

S. Bosch
Algebra
2003, VIII+380 pp, ISBN 88-470-0221-4

S. Graffi, M. Degli Esposti
Fisica matematica discreta
2003, X+248 pp, ISBN 88-470-0212-5

S. Margarita, E. Salinelli
MultiMath - Matematica Multimediale per l'Università
2004, XX+270 pp, ISBN 88-470-0228-1

A. Quarteroni, R. Sacco, F.Saleri
Matematica numerica (2a Ed.)
2000, XIV+448 pp, ISBN 88-470-0077-7
2002, 2004 ristampa riveduta e corretta
(1a edizione 1998, ISBN 88-470-0010-6)

13. A. Quarteroni, F. Saleri
Introduzione al Calcolo Scientifico (2a Ed.)
2004, X+262 pp, ISBN 88-470-0256-7
(1a edizione 2002, ISBN 88-470-0149-8)

14. S. Salsa
Equazioni a derivate parziali - Metodi, modelli e applicazioni
2004, XII+426 pp, ISBN 88-470-0259-1

15. G. Riccardi
Calcolo differenziale ed integrale
2004, XII+314 pp, ISBN 88-470-0285-0

16. M. Impedovo
Matematica generale con il calcolatore
2005, X+526 pp, ISBN 88-470-0258-3

17. L. Formaggia, F. Saleri, A. Veneziani
Applicazioni ed esercizi di modellistica numerica
per problemi differenziali
2005, VIII+396 pp, ISBN 88-470-0257-5

18. S. Salsa, G. Verzini
Equazioni a derivate parziali -Complementi ed esercizi
2005, VIII+406 pp, ISBN 88-470-0260-5
2007, ristampa con modifiche

19. C. Canuto, A. Tabacco
Analisi Matematica I (2a Ed.)
2005, XII+448 pp, ISBN 88-470-0337-7
(1a edizione, 2003, XII+376 pp, ISBN 88-470-0220-6)

20. F. Biagini, M. Campanino
Elementi di Probabilità e Statistica
2006, XII+236 pp, ISBN 88-470-0330-X

21. S. Leonesi, C. Toffalori
Numeri e Crittografia
2006, VIII+178 pp, ISBN 88-470-0331-8

22. A. Quarteroni, F. Saleri
Introduzione al Calcolo Scientifico (3a Ed.)
2006, X+306 pp, ISBN 88-470-0480-2

23. S. Leonesi, C. Toffalori
Un invito all'Algebra
2006, XVII+432 pp, ISBN 88-470-0313-X

24. W.M. Baldoni, C. Ciliberto, G.M. Piacentini Cattaneo
Aritmetica, Crittografia e Codici
2006, XVI+518 pp, ISBN 88-470-0455-1

25. A. Quarteroni
Modellistica numerica per problemi differenziali (3a Ed.)
2006, XIV+452 pp, ISBN 88-470-0493-4
(1a edizione 2000, ISBN 88-470-0108-0)
(2a edizione 2003, ISBN 88-470-0203-6)

26. M. Abate, F. Tovena
Curve e superfici
2006, XIV+394 pp, ISBN 88-470-0535-3

27. L. Giuzzi
Codici correttori
2006, XVI+402 pp, ISBN 88-470-0539-6

28. L. Robbiano
Algebra lineare
2007, XVI+210 pp, ISBN 88-470-0446-2

29. E. Rosazza Gianin, C. Sgarra
Esercizi di finanza matematica
2007, X+184 pp,ISBN 978-88-470-0610-2

30. A. Machì
Gruppi - Una introduzione a idee e metodi della Teoria dei Gruppi
2007, XII+350 pp, ISBN 978-88-470-0622-5
2010, ristampa con modifiche

31 Y. Biollay, A. Chaabouni, J. Stubbe
Matematica si parte!
A cura di A. Quarteroni
2007, XII+196 pp, ISBN 978-88-470-0675-1

32. M. Manetti
Topologia
2008, XII+298 pp, ISBN 978-88-470-0756-7

33. A. Pascucci
Calcolo stocastico per la finanza
2008, XVI+518 pp, ISBN 978-88-470-0600-3

34. A. Quarteroni, R. Sacco, F. Saleri
Matematica numerica (3a Ed.)
2008, XVI+510 pp, ISBN 978-88-470-0782-6

35. P. Cannarsa, T. D'Aprile
Introduzione alla teoria della misura e all'analisi funzionale
2008, XII+268 pp, ISBN 978-88-470-0701-7

36. A. Quarteroni, F. Saleri
Calcolo scientifico (4a Ed.)
2008, XIV+358 pp, ISBN 978-88-470-0837-3

37. C. Canuto, A. Tabacco
Analisi Matematica I (3a Ed.)
2008, XIV+452 pp, ISBN 978-88-470-0871-3

38. S. Gabelli
Teoria delle Equazioni e Teoria di Galois
2008, XVI+410 pp, ISBN 978-88-470-0618-8

39. A. Quarteroni
Modellistica numerica per problemi differenziali (4a Ed.)
2008, XVI+560 pp, ISBN 978-88-470-0841-0

40. C. Canuto, A. Tabacco
Analisi Matematica II
2008, XVI+536 pp, ISBN 978-88-470-0873-1
2010, ristampa con modifiche

41. E. Salinelli, F. Tomarelli
Modelli Dinamici Discreti
2009, XIV+382 pp, ISBN 978-88-470-1075-8

42. S. Salsa, F.M.G. Vegni, A. Zaretti, P. Zunino
Invito alle equazioni a derivate parziali
2009, XIV+440 pp, ISBN 978-88-470-1179-3

43. S. Dulli, S. Furini, E. Peron
Data mining
2009, XIV+178 pp, ISBN 978-88-470-1162-5

44. A. Pascucci, W.J. Runggaldier
Finanza Matematica
2009, X+264 pp, ISBN 978-88-470-1441-1

45. S. Salsa
Equazioni a derivate parziali - Metodi, modelli e applicazioni (2a Ed.)
2010, XVI+614 pp, ISBN 978-88-470-1645-3

46. C. D'Angelo, A. Quarteroni
Matematica Numerica - Esercizi, Laboratori e Progetti
2010, VIII+374 pp, ISBN 978-88-470-1639-2

47. V. Moretti
Teoria Spettrale e Meccanica Quantistica - Operatori in spazi di Hilbert
2010, XVI+704 pp, ISBN 978-88-470-1610-1

48. C. Parenti, A. Parmeggiani
Algebra lineare ed equazioni differenziali ordinarie
2010, VIII+208 pp, ISBN 978-88-470-1787-0

49. B. Korte, J. Vygen
Ottimizzazione Combinatoria. Teoria e Algoritmi
2010, XVI+662 pp, ISBN 978-88-470-1522-7

50. D. Mundici
Logica: Metodo Breve
2011, XII+126 pp, ISBN 978-88-470-1883-9